大數據分析實務
RapidMiner之應用

序
PREFACE

RapidMiner 是一個無需編程,經由圖示化流程與參數設定來執行資料分析的平台。該平台的全球使用率相當高,也多次獲得 Gartner 在資料科學與機器學習平台很高的評價。它可以免費下載、自我學習與處理繁雜的數據分析工作,是一個能讓無資訊科技背景的「庶民」,也能成為資料科學家的有效工具。

本書是作者將多年的教學資料整理而成,從基礎開始,循序漸進,適合大數據分析初學者使用。書籍內容涵蓋範圍廣泛,以實例操作的方式,希望能有效提升處裡實務上多面向的數據分析能力。隨書除附有所有例題的資料檔外,更提供每章節的程式檔,裨益讀者能將內容與程式搭配使用,驗證所學。

大數據分析相關知識涉獵廣泛且日新月異,作者所學有限,內容如有疏漏或錯誤之處,尚請見諒,並由衷感謝任何的指正。預祝大家都成為一個愉快、成功的資料探勘者!

邢厂民

2023/8

目錄
CONTENTS

Chapter 03

模型之建置、評分與驗證

Chapter 06
中英文文字探勘

RapidMiner 軟體下載、介面說明與注意事項

❖ 下載網址

https://rapidminer.wpengine.com/get-started/

下載後建立帳戶，依序完成相關程序。

Create your RapidMiner Account

This account gives you access to RapidMiner products (trials, licenses, updates, and extensions), training via the Academy, and the RapidMiner Community.

What are you using Rapidminer for?

○ Commercial purposes (e.g., business, evaluation, not-for-profit)
○ Educational purposes (e.g., educator, student)

First name:

Last name:

Organization:

Role:

Work phone number:

Work email address:

Create a password:

Confirm your password:

Register

Already have an account? Sign in here.

✦ RapidMiner 介面

A. 儲存區 (Repository)：可於本機儲存區 (Local Repository) 儲存與下載資料 (data) 與流程 (processes) 檔案。提供樣本 (Samples)、範例 (Templates) 與訓練 (Training) 等資源。

B. 運算式區 (Operators)：直接輸入運算式名稱，快速檢索與取得運算式。

C. 流程區 (Process)：將運算式、資料與流程下載或拖曳至此區，執行程式。

D. 參數區 (Parameters)：設定運算式的參數。

E. 輔助說明區 (Help)：提供運算式及其參數設定的說明與範例。

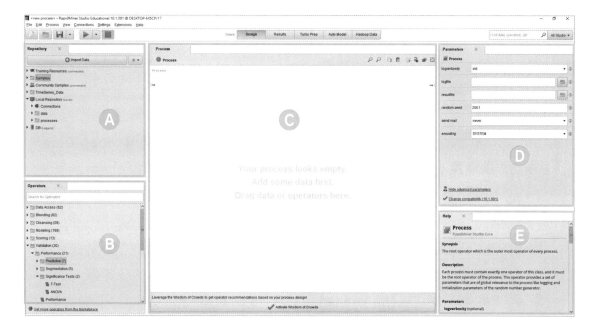

✣ 工具列表

- **File**：Save Process 將流程儲存於本機。Import/Export Process 輸入 / 輸出流程 (.rmp 檔)。Print/Export Image 列印 / 輸出頁面影像。

- **Process**：Syncronize Meta Date with Real Data 將元數據與實際數據同步。

- **View**：Show panel → XML 於桌面顯示流程之 XML 檔案。Restore default view 將版面恢復為原始畫面。

- **Settings**：Preferences 偏好設定。

- **Extension**：Marketplace (Updates and Extensions) 更新版本與擴充運算式。

- **Help**：RapidMiner Academy (Web) 進入 RapidMiner 教育平台，Visit Community (Web) 進入討論社群。

- **Design**：顯示流程設計版面。

- **Results**：顯示執行結果。

- **Auto Model** (自動選擇模型)、**Turbo Prep** (加速資料處理) 與 **Hadoop Data** 不在本書討論範圍。

✣ 注意事項

1. 本書使用 RapidMiner Studio 10.1 版，免費基礎版的資料上限為 10000 筆。在校師生，可以使用學校 email 註冊，申請無資料上限且更多功能的教育版。Google 蒐尋「RapidMiner for Academics」，點選 Register an Educational License，填寫相關資料後註冊，該 License 需每年更新。

2. 本書提供數據資料檔 Data File 外，亦附有各章節之程式 / 流程檔供讀者參考，相關檔案請至 http://books.gotop.com.tw/download/AED004900 下載。以上檔案內容僅供合法持有本書的讀者使用，未經授權不得抄襲、轉載或任意散佈。

3. 使用本書需先於 Extensions 下載 Statistics、Jackhammer、Text Processing、Python Scripting、Operator Toolbox、Series Extension、Forecasting、Hot-Winters Filtering 與 Web Mining 等擴充運算式。

4. RapidMiner 會不定時更新版本，如下載或更新較新的版本，執行結果可能會與本書所呈現的略有不同。如果運算式 Parameters 下方有顯示 Compatibility level，可在此更改該運算式的使用版本。

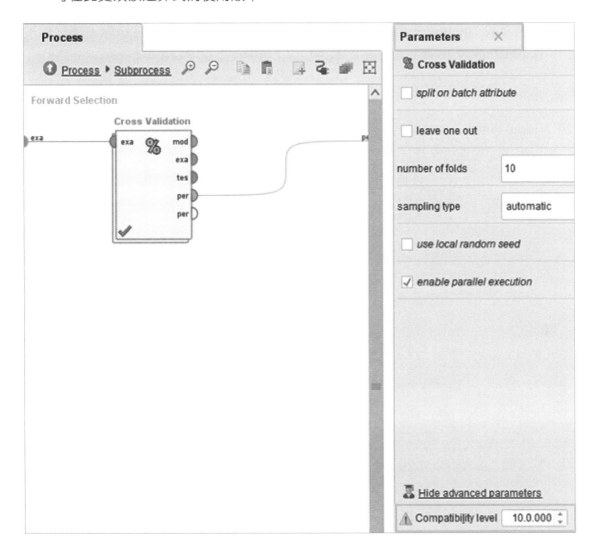

5. 建議每次使用平台前先勾選 Process 內 Synchronize Meta Date with Real Data，使元數據與實際數據同步，方便後續查找新建立的變數。

6. 建議讀者從第一章開始循序漸進配合上機操作學習，先前章節已出現過的運算式操作步驟說明與圖檔，後續章節可能會省略。如遇見問題，建議可另外開啟一個 RapidMiner 平台，輸入隨書所附之各章節程式／流程，比對兩者差異，找出問題所在。

7. 部分章節之程式 / 流程，由於含練習後之內容較多，所以有 (1) 與 (2) 之區分，讀者輸入時應依據內文所述適當選擇。此外注意在執行程式 / 流程時，需先讀入所使用的資料檔。

8. 讀者可於 Youtube 平台參考「RapidMiner 數據分析」影音檔，該線上課程使用 RapidMiner 9.10 版，內容多與本書類似 (無中英文文字探勘)。

9. 本平台建議使用 8GB 以上 RAM 以及 4 核 3GHz 以上 CPU。

10. RapidMiner Community 討論社群內，可尋找相關問題的討論與解答，讀者也可以提出問題進行交流。

基礎介紹

本章介紹使用 **RapidMiner** 平台的基礎知識，涵蓋內容
從如何取得與過濾資料、到改變資料的類型和角色，以
及對各類型檔案的讀取與儲存等。本章同時涵蓋如何建
置一個基本模型，以及認識變數的結合、分類、新增與
選擇等功能。

1-1 取得資料

❖ 目的

於儲存區 (Repository) 內樣本 (Samples) 資料庫取得資料並檢視內容。

❖ 操作步驟

1 點選頁籤 Start 的 Blank Process，打開空白流程。[1]

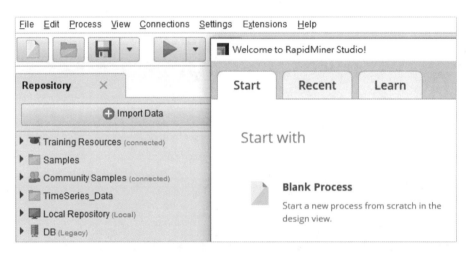

2 從「Repository → Samples → data」打開 RapidMiner 內建之資料庫。

---

1 或先點選 再點選 Blank Process。

3 拖曳 Titanic（鐵達尼號）資料至 Process（流程），將 Retrieve Titanic 之 out（輸出）與 res（結果）連線。[2]

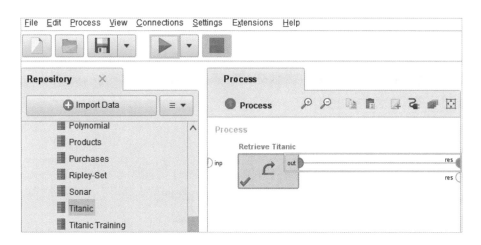

4 點選上方 ▶（執行程式）檢視樣本集 (ExampleSet) 中共有 1,309 個樣本、0 個特殊變數 (special attributes) 與 12 個一般變數 (regular attributes)。一般變數包含如乘客艙等 (Passenger Class)、姓名 (Name)、性別 (Sex) 與年齡 (Age) 等，其中 Age 欄位內「？」符號代表遺漏值 (missing value)。

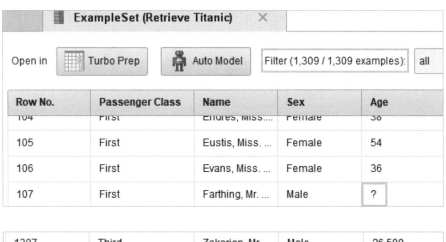

---

2 可以滑鼠雙擊 out 或先點 out 再點 res 或直接點右上方 ⯐ 完成連線。

練習 1-1-1

Age 變數的類型 (Type) 為何？遺漏值有多少個？平均數 (Average) 為何？

解答

點選左側 Statistics 可顯示各變數之敘述統計，其中 Age 之類型為實數 (Real)，遺漏值有 263 個，平均數為 29.881。[3]

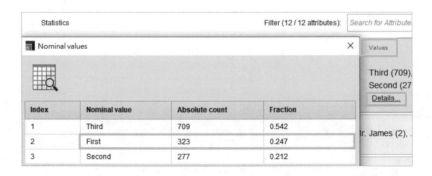

練習 1-1-2

查找頭等艙 (First) 旅客人數及所占比率為何？多少人在鐵達尼號船難中死亡 (Survived 為 No)？比率為何？

解答

從 Statistics 之 Name 選擇「Passenger Class → Values」欄位之 Details，顯示頭等艙旅客人數為 323 人，比率為 0.247。同樣的，點選 Survived 欄位之 Details，顯示有 809 人在船難中死亡，比率為 0.618。

Index	Nominal value	Absolute count	Fraction
1	Third	709	0.542
2	First	323	0.247
3	Second	277	0.212

3　Sex 與 Age 變數前之驚嘆號只是提醒，以性別與年齡作為變數名稱是否有「歧視」問題。

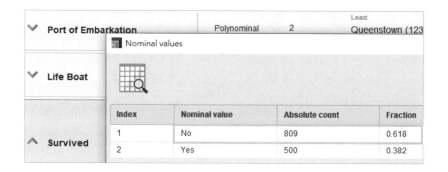

Index	Nominal value	Absolute count	Fraction
1	No	809	0.618
2	Yes	500	0.382

1-2 資料的過濾與排序

❖ 目的

查找搭乘鐵達尼號的女性乘客中，所付船票的最高金額是多少？

❖ 操作步驟

1. 從「Repository → Samples → data」拖曳 Titanic 資料至空白流程，並予連線。[4]

2. 於 Operators 寫入 **Filter Examples**（過濾樣本），將該運算式拖曳到流程之連線上，點選該運算式（呈現橘色框）。[5]

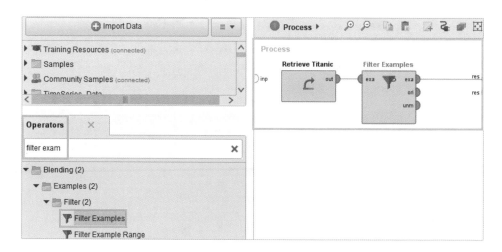

4　也可點選桌面上方 Design，由先前運算結果 Results 回到設計流程頁面。

5　按滑鼠左鍵上下拖曳該運算式，確定是否有正確完成連線。

3 於 Parameters 點選 filters，於左、中與右框分別點選 / 寫入「Sex、equals 與 Female」，點選下方 OK，執行程式，檢視過濾出的 466 個女性樣本。[6]

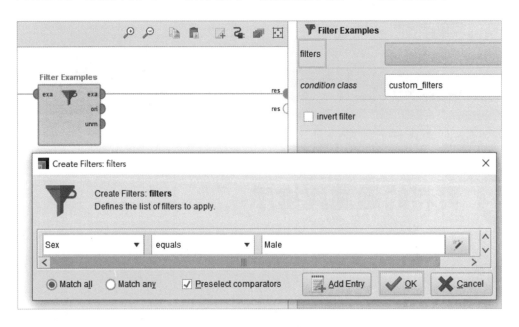

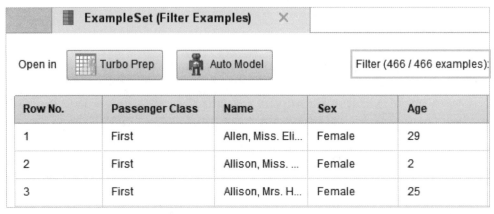

6　輸入變數名稱的大小寫等內容需完全一致。

4 點選 Design 回到流程頁面，於 Operators 寫入 **Sort** (排序)，拖曳到流程並確定連線。點選該運算式，於 Parameters 點選 sort by 後，在 attribute name 選擇「Passenger Fare (船票價格)」，sorting direction (排序方向) 選擇「descending (往下)」，最後點選 Apply。

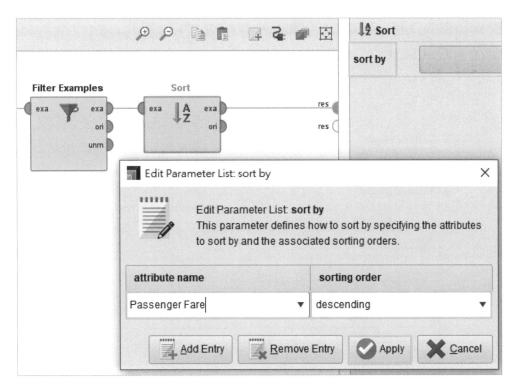

5 執行程式，顯示女性所購買之最高船票價為 512.329 元。[7]

	Filter (466 / 466 examples):	all

No of Parent...	Ticket Numb...	Passenger Fare	
1	PC 17755	512.329	
0	PC 17755	512.329	
2	19950	263	

---

[7] 如不使用 **Sort**，亦可直接點選 Passenger Fare 欄位至顯示 Passenger Fare ↓，檢視船票價格從高至低的排序。

練習 1-2-1

改變操作流程，查找搭乘鐵達尼號男性乘客有幾位？其中年紀最長的是幾歲？

解答

點選 Design 回到流程，點選 **Filter Examples**，在 filters 將 Female 改為「Male」，點選 OK。再點選 **Sort**，於 attribute name 選擇「Age」，點選 Apply。執行程式，顯示男性乘客有 843 位，排除遺漏值後，年紀最長的是 80 歲。

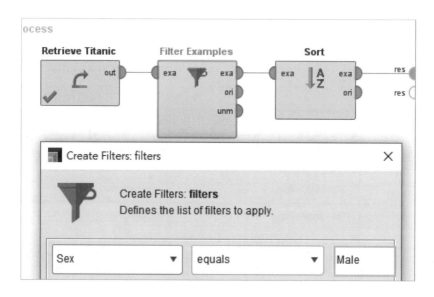

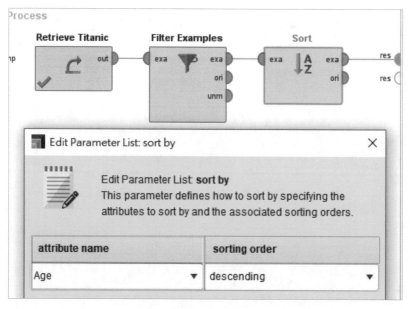

Row No.	Passenger ...	Name	Sex	Age
184	Third	Yousif, Mr. W...	Male	?
185	Third	Youssef, Mr. ...	Male	?
186	First	Barkworth, Mr...	Male	80
187	Third	Svensson, Mr...	Male	74

ExampleSet (Sort)　Open in　Turbo Prep　Auto Model　Filter (843 / 843 examples): all

1-3 改變變數的類型與角色

❖ 目的

將 Age 變數之類型由實數改變為名目 (nominal)，將 Survived 變數的角色 (Role) 設定為目標變數 (label attribute)。

❖ 操作步驟

1. 從「Repository → Samples → data」拖曳 Titanic 資料至流程，並予連線。

2. 將滑鼠輕觸 out 再按 F3 固定，可顯示各變數之 Role (目前為空白)、Type (如 Age 為 real，Sex 為 binominal (雙元名目) 與 Range (變數涵蓋範圍) 等。

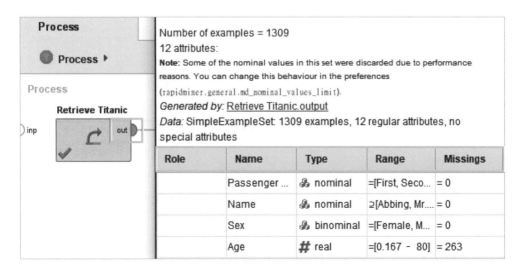

Number of examples = 1309
12 attributes:
Note: Some of the nominal values in this set were discarded due to performance reasons. You can change this behaviour in the preferences (rapidminer.general.md_nominal_values_limit).
Generated by: Retrieve Titanic.output
Data: SimpleExampleSet: 1309 examples, 12 regular attributes, no special attributes

Role	Name	Type	Range	Missings
	Passenger ...	⚙ nominal	=[First, Seco...	= 0
	Name	⚙ nominal	⊇[Abbing, Mr....	= 0
	Sex	⚙ binominal	=[Female, M...	= 0
	Age	# real	=[0.167 - 80]	= 263

③ 加入 **Discretize by Binning**,於 Parameters 點選 attribute filter type 為「single」,於 attribute 點選「Age」,設定 number of bins (分箱數量) 為「3」。

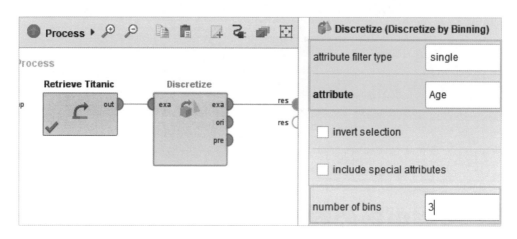

④ 執行程式後點選 Statistics,檢視 Age 之 Type 由 real 變成分為 3 個年齡區間 (range1 至 range3) 的 Nominal 變數。

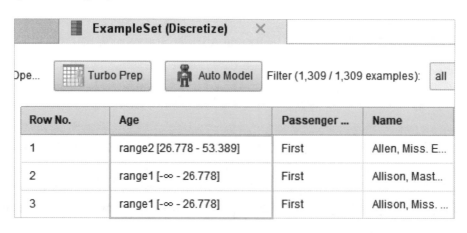

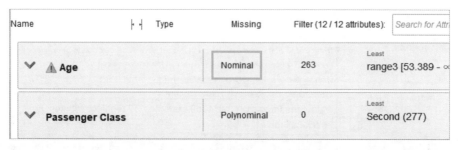

⑤ 點選 Design 回到流程，加入 **Set Role**（設定角色），點選 Edit List，於 attribute name 點選「Survived」，於 target role 點選「label」。執行程式，檢視 Survived 的 Role 變為呈現綠色的目標變數 (label)。[8]

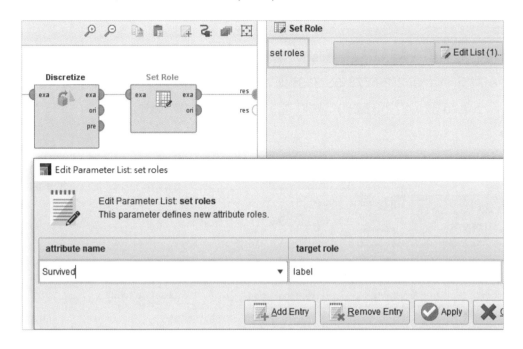

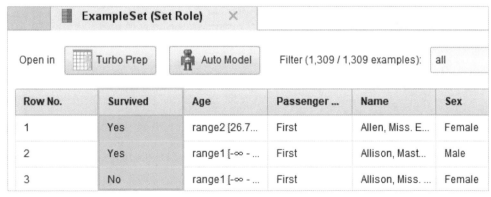

練習 1-3-1

檢視 Age 被分為哪三個年齡區間？各包含有多少位乘客？

解答

點選「Statistics → Age → Details」，顯示 Age 所區分的三個區間為 range1 [- ∞-26.778]、range2[26.778-53.389] 與 range3[53.389- ∞]，各區間的範圍相同 (約為 26 年，0-26 歲，27-53 歲與 54-80 歲)，在該範圍內，分別有 474、495 與 77 位乘客。[9]

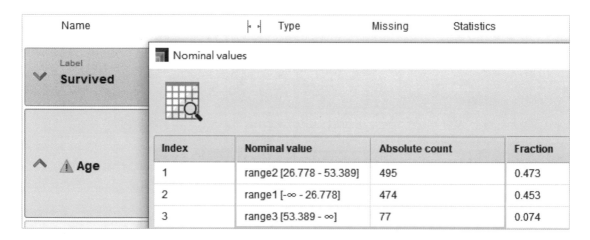

練習 1-3-2

如何將 Age 與 Passenger Fare 同時改為分成五個區間的名目變數？

解答

回流程，於 **Discretize by Binning** 之 attribute filter type 點選「subset」，點選 Select Attributes，於 Attributes 選擇「Age 與 Passenger Fare」並右移至 Selected Attributes。[10] 設定 number of bins 為「5」。執行程式，於 Statistics 檢視 Age 與 Passenger Fare 變為各有 5 個區間之名目變數，其中 Passenger Fare 第 4 個區間 (range4) 內無樣本。

---

9 **Discretize by Binning** 是指使各分區之範圍相同 (如 3 個區間皆涵蓋 26 年)，但各範圍內的樣本數不一定相同。該運算式適用於轉換數值型變數為名目變數。

10 或雙擊該兩個變數可自動右移。

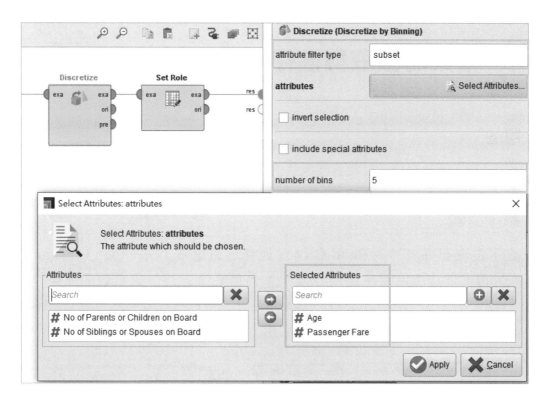

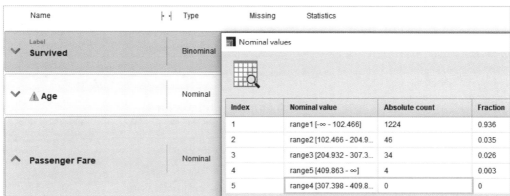

1-4 檔案的讀取與儲存

❖ 目的

在儲存區或外部空間讀取和儲存資料與程式檔案。

❖ 操作步驟

 於空白流程區，加入 **Read CSV** 並連線，點選右上方 Import Configuration Wizard，選擇所附資料檔案 Data File 內檔名為「SSCI 之 CSV」資料。勾選「Replace errors with missing values」，完成讀取。執行程式，檢視內容共有 3,375 種期刊 (變數包含類別、期刊名稱、出版商與使用語言)。[11]

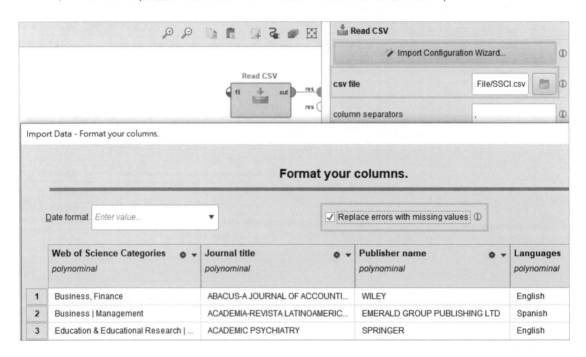

---

11 該資料來源參考 Web of Science 之 Master Journal List。以 Import Configuration Wizard 讀取資料，可於讀取過程中檢視與修改各變數之類別。於讀取過程中，勾選 Replace errors with missing values，可避免有錯誤資料時無法讀入。

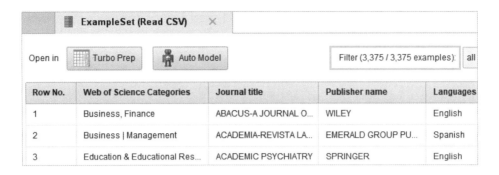

2. 加入 **Filter Examples**，點選 Add Filters，分別勾選 / 輸入「Web of Science Categories、contains 與 Economics」。執行程式，檢視期刊類型中包含 Economics 之期刊共有 369 種。[12]

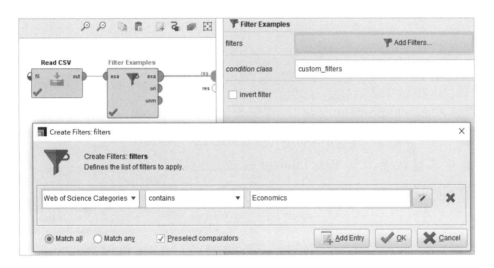

---

[12] 如已於 Process 勾選 Synchronize Meta Data with Real Data，可點擊 ✎ 直接點選 Economics。由於程式會記憶原設定，事後勾選可能無法出現該文字，此時需直接輸入名稱。

3 點選「File → Save Process As」，選擇「Local Repository → processes」，輸入檔名「SSCI Economics」，點選 OK 將程式儲存於本機的 processes 內，檢視所儲存的檔案。[13]

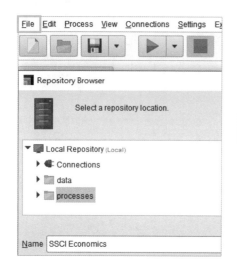

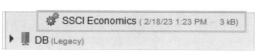

4 點選「File → Export Process」，選擇想儲存的外部位置，寫入檔名「SSCI Economics」，點選 Save 可將程式輸出至外部 (RapidMiner 程式之副檔名為 .rmp)。[14]

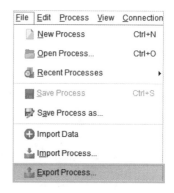

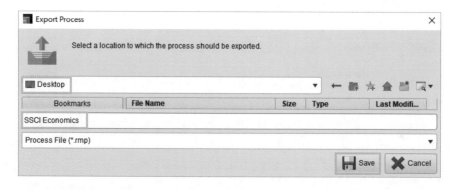

---

13 亦可直接點擊 💾 儲存流程。未來只需雙擊儲存之流程檔案，程式就會自動載入流程區。

14 未來在 File 點選 Import Process 即可輸入儲存於外部的程式檔案。

⑤ 加入 **Store** 完成連線，於 repository entry 點選 📁，選擇 Local Repository 內 data，輸入檔名「SSCI Economics」。執行程式，可將資料儲存於內部儲存區。點選 Design 回到流程，檢視儲存在 data 內之資料檔。[15]

⑥ 於 **Store** 點滑鼠右鍵，點選 Delete 予以刪除。加入 **Write Excel**，連線 thu (through) 至 res，在 excel file 選擇欲儲存的外部位置，輸入資料檔名「SSCI Economics」。執行程式，將資料檔案儲存於外部空間。[16]

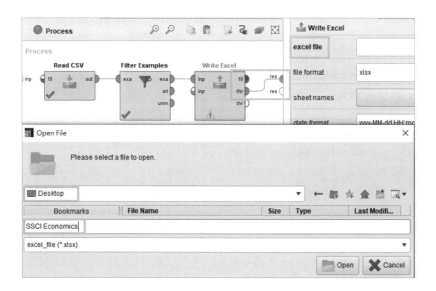

---

15 未來只需將該資料檔直接拖曳至流程區即可使用。

16 未來可以 **Read Excel** 經由 Import Configuration Wizard 讀取該資料檔案。

1-5 模型建置

❖ 目的

依據乘客之性別、艙等、票價與同船家人數等變數,預測是否能在 Titanic 船難中存活。

❖ 操作步驟

1. 從「Repository → Samples → data」拖曳 Titanic 資料至流程,並予連線。

2. 加入 **Set Role**,設定 Survived 變數為「label」。

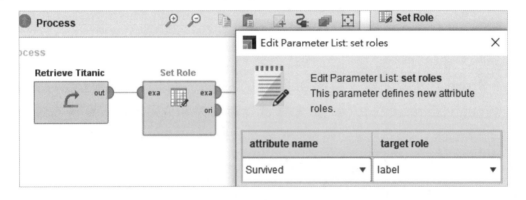

3. 加入 **Select Attributes**,於 attribute filter type 選擇「a subset」,於 select subset 中選擇右移 (或雙擊) 六個變數「Survived、Sex、Passenger Class、Passenger Fare、No of Parents or Children on Board」以及「No of Siblings or Spouses on Board」。勾選 also apply to special attributes,點選 Apply。執行程式,檢視六個變數樣本。

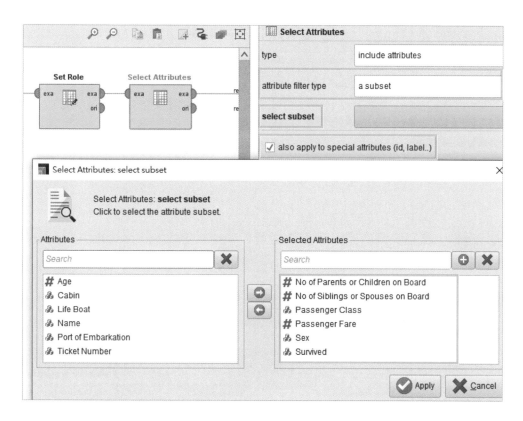

4️⃣ 加入 **Decision Tree**，將樣本集 exa 輸出至 tra (training set 訓練資料集)，將指標 (criterion) 設為「gini_index」，樹的最大深度 (maximum depth) 設為「5」。將訓練後的決策樹模型由 mod 輸出，變數權重由 wei 輸出。[17]

---

17 將樹的深度上限設為 5 以減少複雜模型可能產生過度擬合 (overfitting) 問題，也就是在使用訓練資料時模型預測績效佳，但在預測新資料時，績效會不如預期。

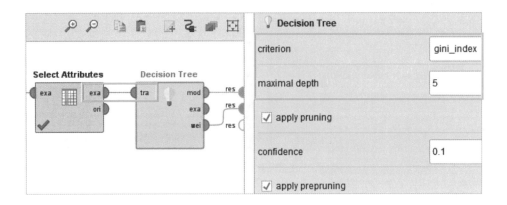

5 執行程式，檢視決策樹圖形與變數權重，其中根節點為 Sex，而其權重 0.328 也為最高。[18]

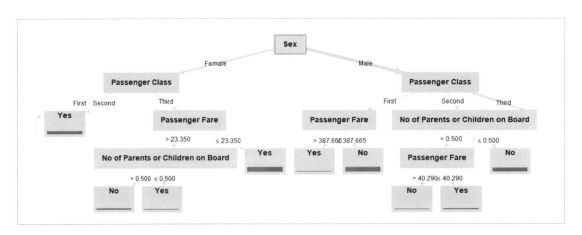

attribute	weight
Passenger Class	0.275
No of Parents or Children on Board	0.142
Sex	0.328
Passenger Fare	0.256

18 決策樹可適用於分類與回歸模型，其節點有根節點 (root node，此例為 Sex)，內部節點 (internal node，如 Passenger Class 等) 與不可再分支的葉節點 (leaf node，此例為 Yes 與 No)。根節點反應目標變數 (乘客能否存活) 最大的差異來源，決策樹各個節點與分支取決於指標 (criterion) 的選擇，權重則是顯示變數在各節點改善指標 (如 gini_index) 的總和，參考 https://ithelp.ithome.com.tw/articles/10271143。

練習 1-5-1

決策樹圖形之紅 / 藍色框顯示那些資訊？

解答

將滑鼠置於紅 / 藍色框上，會顯示葉節點 No（未存活 - 紅色）與 Yes（存活 - 藍色）的
數量與比率。如將滑鼠置於乘客為 Male 與 Passenger Class 為 Third 之分支 (branch)，
其葉節點顯示共有 493 位乘客，占所有乘客比 37.66%(493/1,309)。該些乘客中有 75
位存活，418 位未存活，由於死亡率 84.79%(418/493) 大於 50% 的內定閾值，因此對
該分支乘客的預測是未存活 (No)。

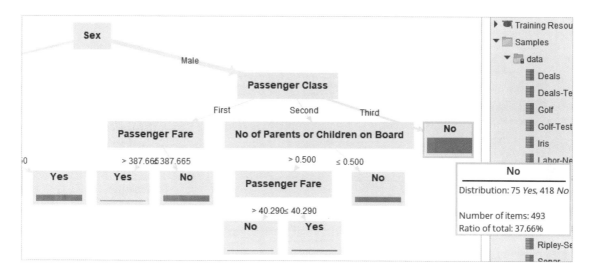

練習 1-5-2

如何預測原本的 1,309 位乘客是否會存活？

解答

回到流程頁面，加入 **Apply Model**，將變數資料由 exa 輸出至 unl（無目標變數資
料 unlabeled data)，利用訓練出的模型 (mod) 對原資料進行預測。檢視預測存活
prediction (Survived) 與實際存活 Survived 結果，當存活信心 confidnece (yes) > 0.5
閾值時，預測乘客會存活，否則為不會存活。Statistics 顯示實際存活 / 未存活為 500
/809，而預測存活 / 未存活為 461/848。

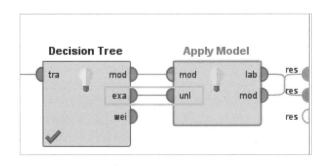

Row No.	Survived	prediction(Survived)	confidence(Yes)	confidence(No)	Passenger Class
1	Yes	Yes	0.965	0.035	First
2	Yes	No	0.333	0.667	First
3	No	Yes	0.965	0.035	First

Name			Type	Missing	Statistics		Filter (9 / 9 attributes): Search for Attributes		
Label **Survived**			Binominal	0	Negative Yes	Positive No	Values No (809), Yes (500)		
Prediction **prediction(Survived)**			Binominal	0	Negative Yes	Positive No	Values No (848), Yes (461)		

1-6 變數的結合與分類

❖ 目的

將商品 (Products) 與交易 (Transactions) 資料結合，找出各項商品的顧客購買情形。

❖ 操作步驟

1. 從「Repository → Samples → data」拖曳 Products 與 Transactions 兩個資料檔到流程並分別連線。執行程式，檢視共有 178 個商品 (Product ID) 與 2,328 筆交易。[19]

---

19 Products 內含商品代碼 (Product ID)、商品名稱 (Product Name)、商品類型 (Product Category) 與價格 (Price)。Transactions 內含顧客代碼 (Customer ID)、商品代碼 (Product ID) 與購買數量 (Amount)。

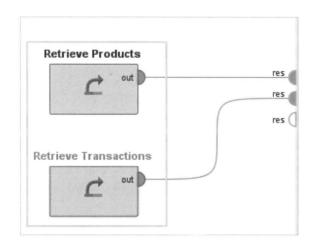

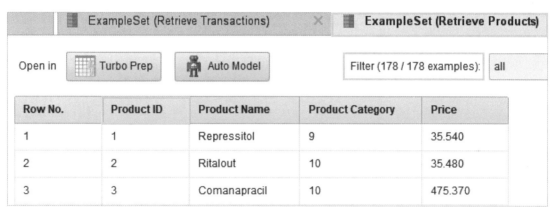

Row No.	Product ID	Product Name	Product Category	Price
1	1	Repressitol	9	35.540
2	2	Ritalout	10	35.480
3	3	Comanapracil	10	475.370

Row No.	Customer ID	Product ID	Amount
1	370	154	3
2	41	40	3
3	109	173	3

2 回到流程,加入 **Join**,點選「key attribute」,於左右框分別點選「Product ID」
作為結合的關鍵變數,點選 Apply。執行程式,檢視兩個樣本集結合後之內容。

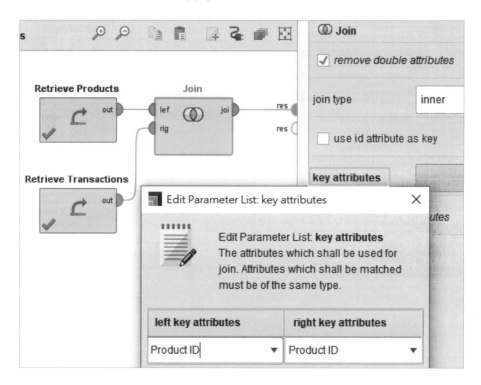

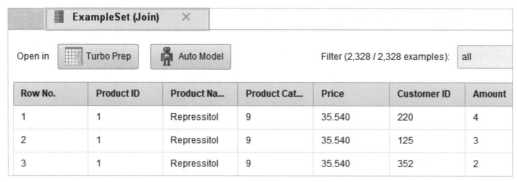

3 回到流程，加入 **Aggregate**，於 group by attributes (依變數分類) 選擇「Product ID」。

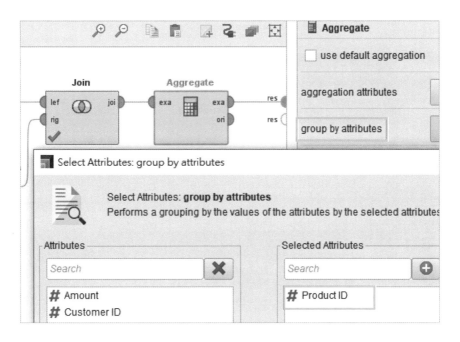

4 在 aggregation attributes (彙整變數) 選擇「Customer ID 及 count (計數)」，點選 Add Entry，增加選擇「Product Name 及 mode (文字形式)」。

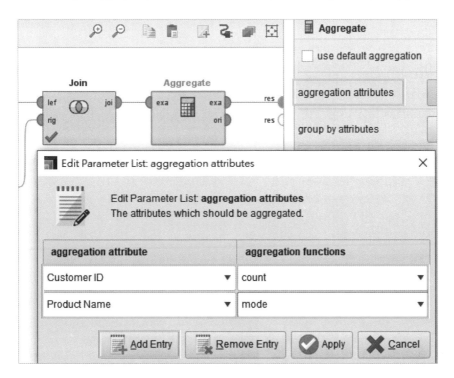

5 執行程式，檢視 178 種商品顧客購買次數 count (Customer ID) 以及商品名稱 mode (Product Name) (如 1 號商品 Repressitol 顧客購買次數為 19 次)。[20]

Row No.	Product ID	count(Customer ID)	mode(Product Name)
1	1	19	Repressitol
2	2	8	Ritalout
3	3	9	Comanapracil

ExampleSet (Aggregate) ✕
Open in [Turbo Prep] [Auto Model] Filter (178 / 178 examples):

練習 1-6-1

查找哪一項商品被顧客購買最多次？以圖形顯示各商品的購買次數。

解答

點選 count (Customer ID) 使由大至小排序，顯示商品 Athsat (138 號) 有最多顧客購買次數 (22 次)。點選 Visualizations 的直條圖 (Bar (Column)) 可顯示各商品的購買次數。[21]

Open in [Turbo Prep] [Auto Model] Filter (178 / 178 examples): all

Row No.	Product ID	count(Customer ID) ↓	mode(Product Name)
138	138	22	Athsat
42	42	21	Turbolax
175	175	21	Phalanx

20　顧客購買次數不一定都是來自不同顧客，有可能會是同一顧客多次購買該商品。

21　橫軸 (X Axis column) 為商品名稱 (mode(Product Name))，縱軸 (Value columns) 為顧客購買次數 (count (Custmer ID))。

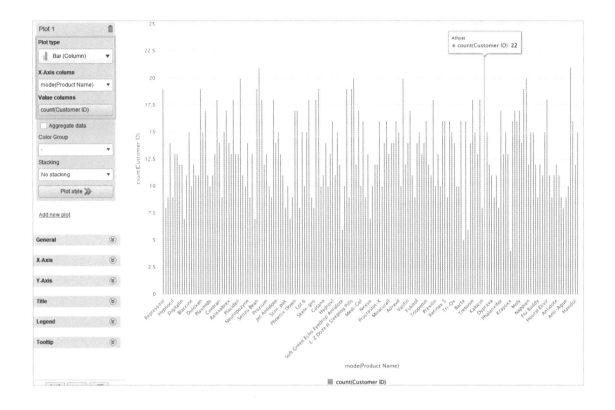

練習 1-6-2

找出每一個商品的賣出總量,那項商品賣出總量最多?共賣出幾件?

解答

於 **Aggregate** 之 aggregation attributes 點選 Add Entry,分別選擇 Amount 與 Sum,點選 Apply。執行程式,檢視新增欄位 sum (Amount) (總量) 並對其排序,顯示賣出總量最多的商品是 42 號 Turbolax,共賣出 69 件。

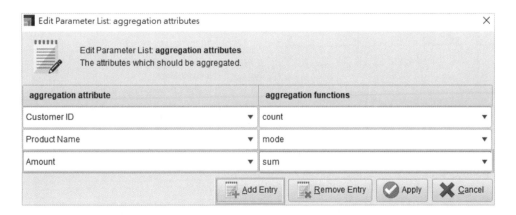

Open in	Turbo Prep	Auto Model	Filter (178 / 178 examples):	all

Row No.	Product ID	count(Customer ID)	mode(Product Name)	sum(Amount) ↓
42	42	21	Turbolax	69
82	82	20	Qualex	66
81	81	19	E-Z Doze It Sleeping P...	64

 ## 1-7 變數的新增與選擇

❖ 目的

依據商品銷售量與價格計算銷售金額，找出最大一筆銷售金額的商品與購買金額最多的顧客。

❖ 操作步驟

1. 延續前一節流程，停用 **Aggregate**，加入 **Generate Attributes**，於 function descriptions 分別輸入「Sales」與「Amount*Price」。[22]

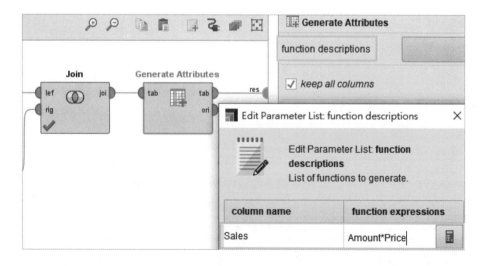

---

22 於 **Aggregate** 按右鍵，點擊 Enable Operator，可使該運算式停用功能 (顏色變為灰色)，再次點擊 Enable Operator 可恢復該運算式功能。

2 執行程式，檢視新增變數 Sales（銷售金額）。對其排序後顯示最大一筆銷售金額為 2,495.65 元（由顧客 130 號購買商品 Hypnocil 5 件）。

ExampleSet (Generate Attributes) ×					
in ⊞ Turbo Prep 🤖 Auto Model			Filter (2,328 / 2,328 examples):		
Product Name	Product Cat...	Price	Customer ID	Amount	Sales ↓
Hypnocil	10	499.130	130	5	2495.650
Bittamucin	2	495.990	546	5	2479.950
Blaccine	6	495.190	274	5	2475.950

練習 1-7-1

該公司共有多少位顧客？哪位顧客購買商品的次數最多？購買最多總量？總消費金額最多？顯示每位顧客買了那些商品。

解答

1 重新啟用 (enable) **Aggregate** 並置於 **Generate Attributes** 後完成連線，於 group by attributes 中， 選 擇「Customer ID」。 在 aggregation attributes 中以 Add Enrty 方式，分別輸入 Customer ID 為「count」、Amount 為「sum」、Sales 為「sum」以及 Product Name 為「concatenation」。

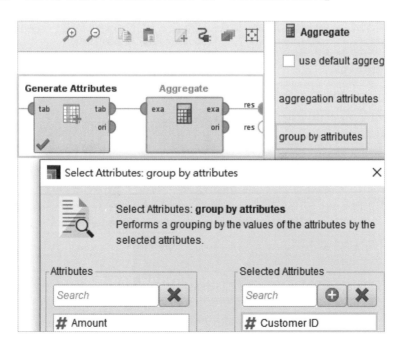

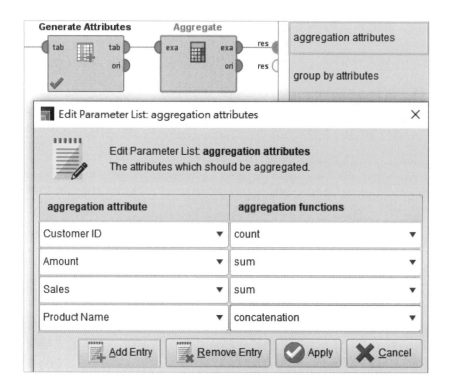

2️⃣ 執行程式，並對 count (Customer ID)、sum (Amount) 與 sum (Sales) 分別排序，顯示公司共有 587 位顧客，其中顧客代碼 198、370 及 410 購買該公司的商品最頻繁 (各為 10 次)。

Customer ID	count(Customer ID) ↓	sum(Amount)	sum(Sales)	concat(Prod...
198	10	34	8019.160	Stim pack|Sel...
370	10	28	9368.720	Nepenthe|Tur...
410	10	27	7132.300	Hypnocil|Seri...
5	9	27	4378.410	Soma|Semut...

Filter (587 / 587 examples): all

3 顧客代碼 275 購買最多的總量 (35 件)，顧客代碼 387 總消費金額最多 (合計 10,930.45 元)。Concat (Product Name) 欄位顯示每位顧客所購買的所有商品 (以 | 符號區隔)。

Customer ID	count(Customer ID)	sum(Amount) ↓	sum(Sales)
275	9	35	10040.970
198	10	34	8019.160
248	9	31	7747.570

Turbo Prep   Auto Model   Filter (587 / 587 examples):

Customer ID	count(Customer ID)	sum(Amount)	sum(Sales) ↓
387	8	31	10930.450
522	8	30	10234.790
275	9	35	10040.970

Turbo Prep   Auto Model   Filter (587 / 587 examples):   all

Customer ID	count(...	sum(A...	su... ↓	concat(Product Name)
387	8	31	10930....	Nepenthe|Semuta|Paracetamoxyfruseben...
522	8	30	10234....	Serisone|Quinium|Hibernol|Hyronalin|Car...
275	9	35	10040....	Serisone|RadAway|Adara's Rose|Retinax ...

學習評量

1. 依據 1-2 節，在 Titanic 資料中，以 **Filter Examples** 找出坐頭等艙、女性且最後存活的共有多少人？ __139__ 坐三等艙、男性的平均年齡為幾歲？ __25.962__

2. 依據 1-3 節，在 Titanic 資料中，以 **Discretize by Binning** 將 Passenger Fare 改為 3 個區間的名目變數，哪一個區間的乘客數最多？ range1 [-∞-170.776] 其中有幾位是女性乘客？ __442__

3. 依據 1-3 節，在 Titanic 資料中，將 Age 改為 5 個區間的名目變數，哪一個區間的乘客數最多？ __range 2__ 其中有幾位是男性乘客？ __339__

4. 依據 1-6 節，由 Products 與 Transactions 資料，哪一個商品被賣出的總金額最多？ __Jammitin__ 銷售金額為多少？ __28701__

5. 依據 1-6 與 1-7 節，由 Products 與 Transactions 資料，哪一個商品類別 (Product Category) 被賣出的總金額最多？ __8__ 總金額為多少？ __248655.920__

6. 依據 1-6 與 1-7 節，哪一個商品類別有最多的顧客購買次數？ __10__ 購買次數為多少？ __330__

7. 依據 1-6 與 1-7 節，哪一個商品類別被賣出的總數量最多？ __10__ 哪一個顧客的總消費金額最低？ __228__

資料處理

本章介紹資料的前置處理，內容包含遺漏值的處理、資料的常態化與刪除離群值，以及變數的樞紐轉換與重新命名等；同時涵蓋使用巨集、迴圈與分支等運算式進行抽樣，以及多個資料檔案的讀入、儲存、合併、運算與結合等。在時間序列資料的前置處裡部分，會介紹如何將日資料轉換為月平均以及季平均資料的方式。

2-1　遺漏值處理

✦ 目的

以保留最多有價值樣本，處理資料遺漏值問題。

✦ 操作步驟

1　從「Repository → Samples → data」拖曳 Titanic 資料至流程。

2　加入 **Select Attributes**，於 type 選擇「exclude attributes」，於 attribute filter type 選擇「no_missing_value」。

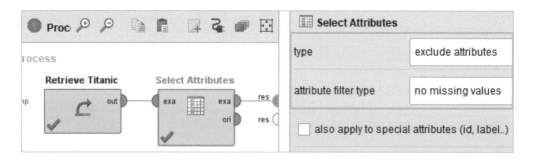

3　執行程式，於 Statistics 檢視有遺漏值的 5 個變數，其中 Age、Passenger Fare、Cabin、Port of Embarkation（登船港口）與 Life Boat 分別有 263、1、1,014、2 與 823 個遺漏值。

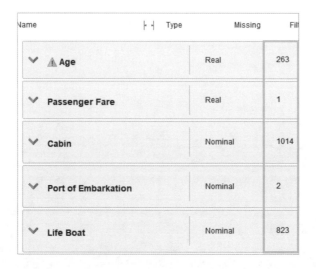

4 回流程，於 **Select Attributes** 的 attribute filter type 改為「a subset」，於 Select Attributes 選擇「Cabin 與 Life Boat」。執行程式，將兩個遺漏值最多的變數予以刪除。[1]

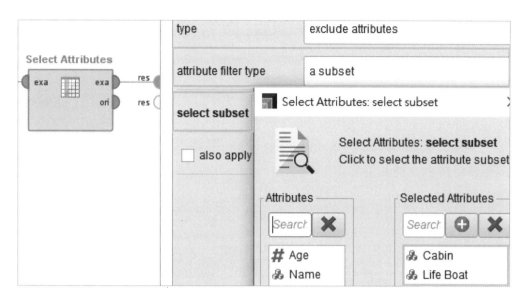

5 加入 **Replace Missing Values**，於 attribute filter type 選擇「single」，於 attribute 選擇「Age」，於 default 選擇「average」。執行程式，檢視 Age 所有 263 個遺漏值已被其平均值 (29.881) 所取代，樣本數仍維持 1,309 個。

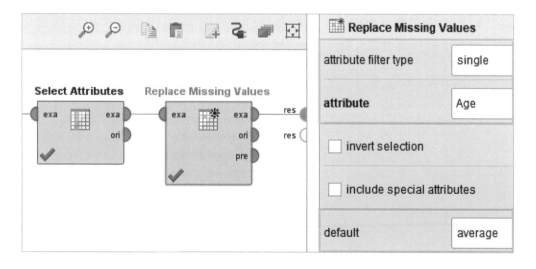

---

[1] 由於 Cabin (船艙號碼) 之遺漏值最多且不影響目標變數，故先予刪除。同時，由於 Life Boat 與目標變數完全一致 (有上救生艇就一定存活)，不應做為預測存活的變數，也先予刪除。

	ExampleSet (Replace Missing Values)	✕		

Open in [Turbo Prep] [Auto Model]   Filter (1,309 / 1,309 examples):

Row No.	Age	Passenger ...	Name	Sex	No of
14	26	First	Barber, Miss. ...	Female	0
15	80	First	Barkworth, Mr...	Male	0
16	29.881	First	Baumann, Mr...	Male	0

6 加入 **Filter Examples**，於 condition class 選擇「no_missing_attributes」，以刪除其餘變數之遺漏值。[2]

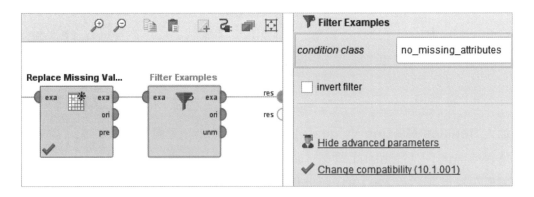

7 執行程式，由頁面下方檢視一般變數減少了 2 個成為 10 個，而在無遺漏值情況下，總樣本數只減少了 3 個 (1,309 至 1,306)。[3]

1304	26.500	Third	Zakarian, Mr. ...	Male	0
1305	27	Third	Zakarian, Mr. ...	Male	0
1306	29	Third	Zimmerman, ...	Male	0

ExampleSet (1,306 examples, 0 special attributes, 10 regular attributes)

---

2 如未出現所需設定項目，點選 Parameters 下方 Show advanced parameters 使成為 Hide advanced parameters，即可顯示更多項目。

3 刪除遺漏值 1 個來自 Fassenger Fare，2 個來自 Port of Embarkation。

練習 2-1-1

如不先將 Cabin 與 Life Boat 變數刪除，樣本數會剩下多少個？

解答

停用 **Select Attributes**，執行程式，此時 Cabin 與 Life Boat 變數將會被保留，但樣本數僅剩下 191 個。保留了兩個不需要的變數，但大幅降低了樣本數。

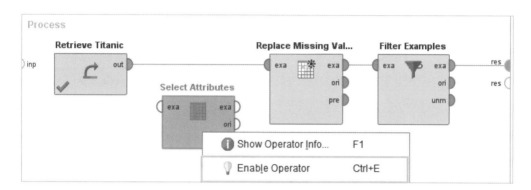

Passenger F...	Cabin	Port of Emb...	Life Boat	Survived
211.338	B5	Southampton	2	Yes
151.550	C22 C26	Southampton	11	Yes
26.550	E12	Southampton	3	Yes

2-2 資料的常態化與找出離群值

❖ 目的

將數字型變數常態化 (normalize) 後，找出並刪除離群值 (outlier)。

✣ 操作步驟

1 從「Repository → Samples → data」拖曳 Titanic 資料至流程，加入 **Select Attributes**，於 exclude attributes 刪除「Cabin、Life Boat、Name、Port of Embarkation 與 Ticket Number」5 個變數。

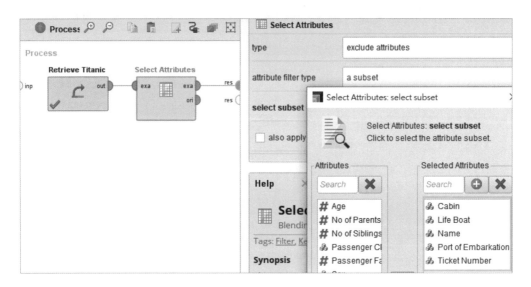

2 加入 **Filter Example**，於 condition class 選擇「no_missing_attributes」。執行程式，刪除所選變數之遺漏值後，剩餘 1,045 個樣本，其中 4 個數值型變數，大小有相當差異。

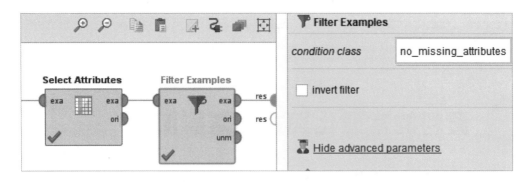

Filter (1,045 / 1,045 examples):	all		
Age	**No of Sibling...**	**No of Parent...**	**Passenger F...**
29	0	0	211.338
0.917	1	2	151.550
2	1	2	151.550

3 加入 **Normalize**，於 method 選擇「Z-trnasformation（標準化）」。[4] 執行程式，顯示標準化後變數之間的差異大幅減少（會出現負值）。點選 Statistics，顯示 4 個數值型變數的平均值皆為 0，標準差則皆為 1。

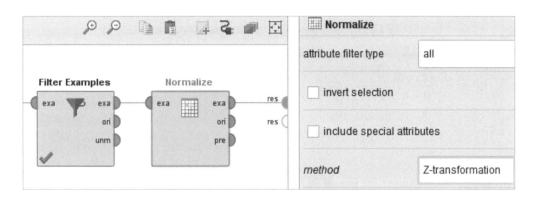

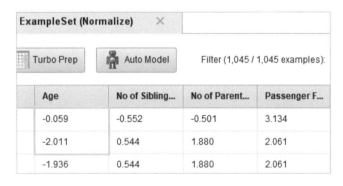

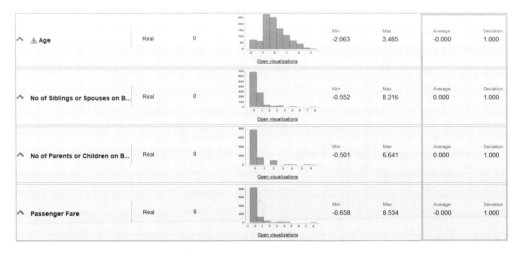

---

4 以樣本之間的距離決定離群值時，需先將樣本資料常態化 (Normalize)，以避免變數值差異較大時影響結果。Normalize 運算式中 Z-trnasformation（或稱 standardization，標準化）是經由公式（數值 – 平均數）/ 標準差，使變數的平均值為零、標準差為 1。range transformation（區間轉換）是將各變數數值轉換在 0 與 1 之間（此轉換亦稱為 normalization）。iterquartile range (IQR，4 分位距) 是先計算第 3 個 (75%) 和第 1 個 (25%) 4 分位數的差 (Q3-Q1)，IQR 的常態化公式為（數值 – 中位數）/ IQR。

4 加入 **Detect Outlier (Distances)**，將 number of neighbors (鄰居數) 設為「10」，
將 number of outliers (離群值數量) 設為「4」。[5]

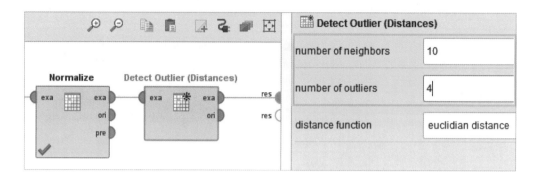

5 執行程式，對 outlier 排序，檢視 1,045 個樣本中 4 個離群值 (outlier = true) 皆有
異常高的船票價格。[6]

	outlier ↓	Age	No of Sibling...	No of Parent...	Passenger F...
	true	0.427	-0.552	0.689	8.534
	true	1.956	-0.552	0.689	8.534
	true	0.358	-0.552	-0.501	8.534
	true	0.358	-0.552	-0.501	8.534
	false	-0.059	-0.552	-0.501	3.134

ExampleSet (Detect Outlier (Distances))
Turbo Prep   Auto Model   Filter (1,045 / 1,045 examples):   all

6 點選 Visualizations，設定 Plot type 為「Scatter3D」，X 軸為「Passenger Fare」，
Value Column 為「No of Parents or Chindren on Board」，Y 軸為「Sex」，Color
為「outlier」。3D 圖形顯示 4 個離群值，皆屬異常高的船票價格 (綠色點)，其中
男性與女性各占 2 位。[7]

5　將每一點與其 k 個最近鄰居的歐基里德距離 (euclidean distance) 算出後，尋找距離最遠的 n 個離群
　　值。在 3 個變數 (x,y,z) 的 3 維空間，兩點 P (x1,y1,z1) 與 Q (x2,y2,z2) 之間的歐基里德距離為根號
　　$((x1-x2)^2 + (y1-y2)^2 + (z1-z2)^2)$。當變數為名目變數時，同樣內容距離為 0，不同內容距離為 1。離群
　　值數量原始設定為 10，此例選擇 4 是在圖形檢視時，出現 4 個較明顯的離群值。

6　因為新產生的 outlier 變數屬特殊變數，故以顏色 (黃色) 顯示。

7　可依所需在 Plot 點選 Plot style，X-Axis，Y-Axis 與 Z-Axis 等，改變如顏色、線條與標示型狀 (Marker
　　shape) 等設定，顯示不同的 3D 圖形。

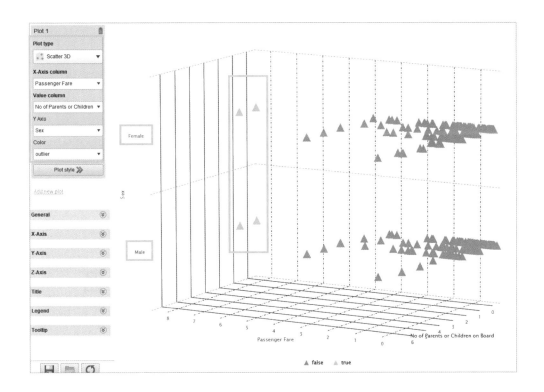

練習 2-2-1

刪除樣本中的 4 個離群值。

解答

加入 **Filter Examples**，於 filters 選擇「outlier、equals 與 false」。執行程式，檢視刪除 4 個最高船票價格的離群值後，樣本數為 1,041 個。

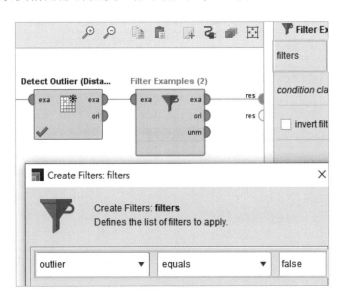

ExampleSet (Filter Examples (2))	×				

Turbo Prep | Auto Model | Filter (1,041 / 1,041 examples): | all

outlier	Age	No of Sibling...	No of Parent...	Passenger Fare ↓
false	-0.407	2.736	1.880	4.061
false	-0.129	2.736	1.880	4.061
false	-0.476	2.736	1.880	4.061

2-3 變數的分類、樞紐轉換與重新命名

✥ 目的

比較 **Aggregate** 與 **Pivot** (樞紐轉換) 的分類方式及將變數重新命名。

✥ 操作步驟

1 從「Repository → Samples → data」拖曳 Titanic 資料至流程。

2 加入 **Aggregate**，於 group by attributes 同時選擇「Passenger Class 與 Sex」。
執行程式，檢視由艙等與性別組成的 6 種分類。

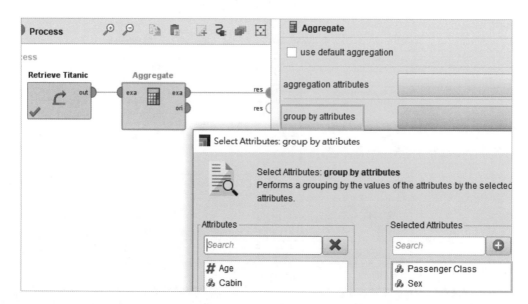

Row No.	Passenger Class	Sex
1	First	Female
2	First	Male
3	Second	Female
4	Second	Male
5	Third	Female
6	Third	Male

Open in | Turbo Prep | Auto Model | Filter (6 / 6 examples):

3. 於 aggregation attributes 分別選擇「Passenger Class 與 count」。執行程式，檢視 6 種分類之乘客人數，如第一行顯示頭等艙女性乘客有 144 位。

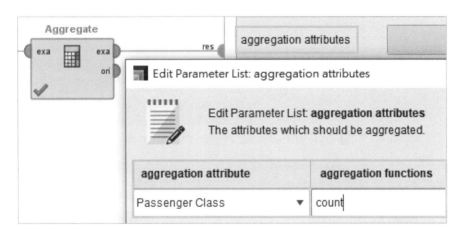

Row No.	Passenger Class	Sex	count(Passenger Class)
1	First	Female	144
2	First	Male	179
3	Second	Female	106
4	Second	Male	171
5	Third	Female	216
6	Third	Male	493

Open in | Turbo Prep | Auto Model | Filter (6 / 6 examples): all

4 停用 **Aggregate**，加入 **Pivot**，於 group by attributes 選擇「Sex」，於 column grouping attributes 選擇「Passenger Class」，於 aggregation attributes 分別選擇「Passenger Class 與 count」。

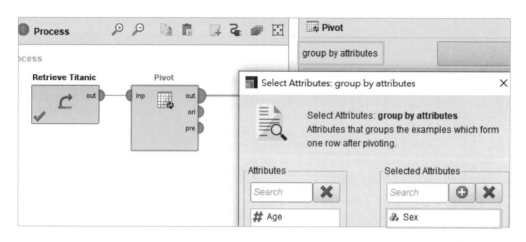

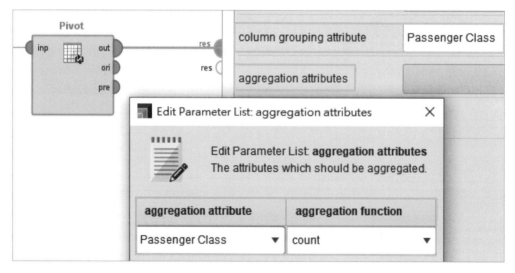

5 執行程式，檢視樞紐表以不同的方式顯示性別與各艙等人數。

Sex	count(Passenger Class)_First	count(Passenger Class)_Second	count(Passenger Class)_Third
Female	144	106	216
Male	179	171	493

6 加入 **Rename by Replacing**，於 replace what 輸入「\((.*)\)_(.*)」，於 replace by 輸入「$1 $2」。執行程式，檢視欄位重新命名後，原變數名稱的 " ( )" 及 "_" 符號已被刪除，簡化了變數名稱。[8]

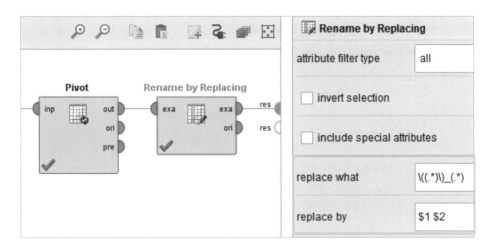

Sex	countPassenger Class First	countPassenger Class Second	countPassenger Class Third
Female	144	106	216
Male	179	171	493

---

8 點選 replace what 旁 🔻 符號，可進入 Edit Regular Expression (正規表達式)，點選 🔽 可顯示各符號代表的意義。如 . 表任意字符、 () 表擷取範圍、 .* 表多個任意字符，而 $1 與 $2 表第 1 個與第 2 個括號內擷取之內容。至於變數內之原有括號 ()，由於屬於特殊字符，為免除其特殊性，須於前加反斜線 \。https://blog.poychang.net/note-regular-expression/，https://www3.ntu.edu.sg/home/ehchua/programming/howto/Regexe.html。

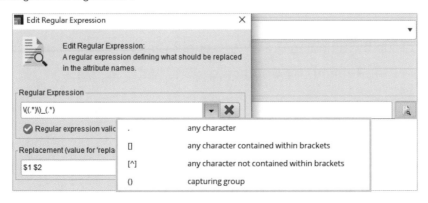

練習 2-3-1

如何簡化欄位名稱為 First Class、Second Class 與 Third Class ？

解答

點選 **Rename by Replacing**，於 replace what 輸入「(.*)_(.*)」，於 replace by 輸入「$2 Class」。執行程式，檢視結果。

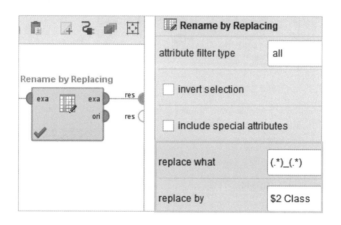

Row No.	Sex	First Class	Second Class	Third Class
1	Female	144	106	216
2	Male	179	171	493

練習 2-3-2

延續上題，如何將橫軸分類改為 Passenger Class，欄位名稱改為 Sex ？

解答

於 **Pivot** 之 group by attributes 改為「Passenger Class」，column grouping attribute 改為「Sex」，停用 **Rename by Replacing**。執行程式，檢視結果。

Row No.	Passenger Class	count(Passenger Class)_Female	count(Passenger Class)_Male
1	First	144	179
2	Second	106	171
3	Third	216	493

重新啟用 (Enable) **Rename by Replacing** 並連線，於 replace what 輸入「(.*)_(.*)」，
replace by 輸入「$2」。執行程式，檢視欄位名稱已簡化為性別。

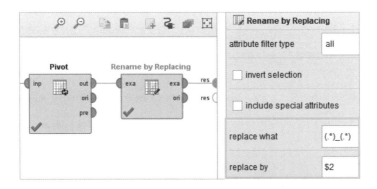

Row No.	Passenger Class	Female	Male
1	First	144	179
2	Second	106	171
3	Third	216	493

2-4 巨集與抽樣

❖ 目的

認識並使用巨集 (Macro) 進行抽樣。

❖ 操作步驟

1. 從「Repository → Samples → data」拖曳 Titanic 資料至流程。

2. 加入 **Set Macro** 設定巨集，於 macro 與 value 分別寫入名稱「fraction」與數值「0.5」。

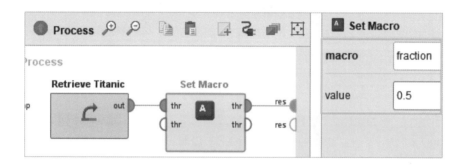

3. 加入 **Extract Macro** 提取巨集，於 macro 寫入名稱「size」，於 macro type 選擇提取之內容「number_of_examples」。

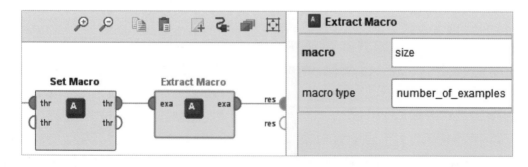

4 加入 **Generate Macro** 產生巨集，於 function descriptions 分別寫入名稱「new size」與公式「round(eval(%{size})*eval(%{fraction}))」，也就是將樣本數 size 乘以 fraction 0.5 並取整數，產生新樣本數巨集 new size。[9]

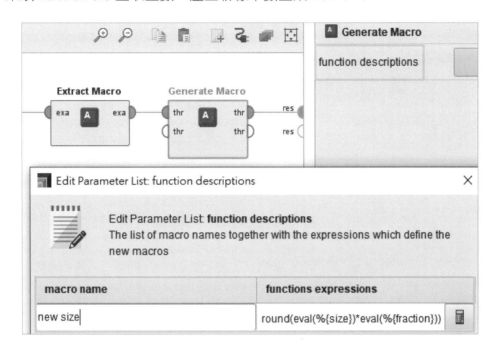

---

9 讀取巨集，需在其名稱加上 %{}（如 %{size} 表示讀取巨集 size）。eval 為取字串數值，round 為取整數值。點選 Functions expressions（函數表達式）▤，可檢視各函數 Functions ((如 eval) 之說明) 與輸入項目 Inputs（如一般變數及巨集等)。

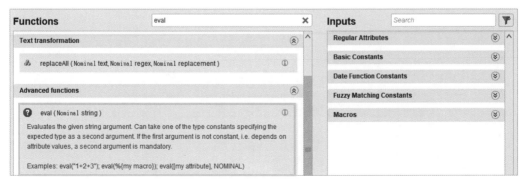

5 加入 **Sample**，在 sample size 中寫入「%{new size}」。執行程式，檢視將原 1,309 個樣本 (size)，抽取 50% (fraction) 取整數後得到 655 個新樣本 (new size)。

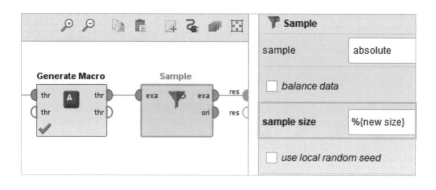

練習 2-4-1

如何改變抽樣為總樣本數的 30%？共有多少樣本？

解答

點選 **Set Macro**，將 fraction 的 value 改為「0.3」。執行程式，顯示為 393 個樣本。

Open in	Turbo Prep	Auto Model		Filter (393 / 393 examples):
Row No.	Passenger ...	Name	Sex	Age
1	First	Allison, Mast...	Male	0.917
2	First	Allison, Miss. ...	Female	2
3	First	Allison, Mrs. ...	Female	25

練習 2-4-2

延續上題，如何使抽樣以得到不同的樣本內容？

解答

於 **Sample** 中，勾選 use local random seed，於 local random seed 中輸入任何不同數值 (如 3223)。執行程式，即會出現不同的抽樣內容。

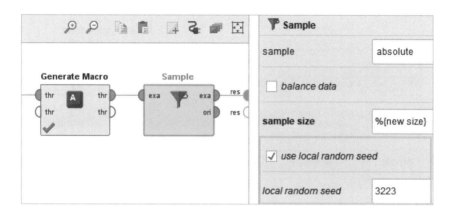

Row No.	Passenger ...	Name	Sex	Age
1	First	Allen, Miss. E...	Female	29
2	First	Allison, Mr. H...	Male	30
3	First	Barber, Miss. ...	Female	26

練習 2-4-3

延續上題，如果不用 Macro 要如何抽取 30% 的樣本？

解答

刪除所有運算式，在資料後加入一個新的 **Sample**，在 sample 選擇「relative」，在 sample ratio 輸入「0.3」，在 local random seed 中輸入「3223」。執行程式，檢視結果相同但少一個樣本。[10]

---

10 需用新的 **Sample**，因舊的已記憶 Macro 的設定，無法再使用。此外單獨使用 **Sample**，由於無 round 四捨五入進位，樣本數會少 1 個變為 392 個。

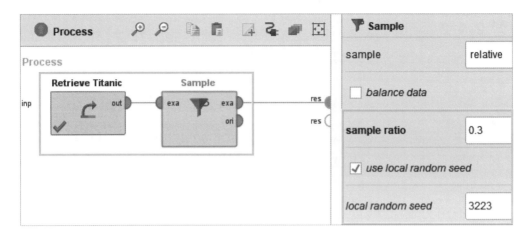

2-5 迴圈、分支、樣本設定與附加資料

❖ 目的

經由 **Loop**（迴圈）與 **Branch**（分支）將每一艙等樣本數設定上限後抽樣，再將各類型樣本 **Append**（附加）為一新的樣本集。

❖ 操作步驟

1. 從「Repository → Samples → data」拖曳 Titanic 資料至流程。

2. 加入 **Set Macro**，於 macro 寫入巨集名稱「max size」，於 value 寫入「300」。

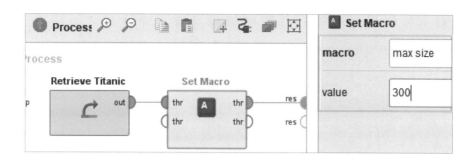

③ 下載 **Loop Values**，於 attribute 選擇「Passenger Class」，該運算式內建之 iteration macro (迭代巨集名稱) 為 loop_value。

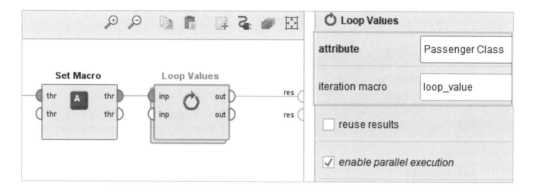

④ 雙擊 **Loop Values** 進入次流程，加入 **Filter Examples**，連線後點選 filters，分別選擇 / 輸入「Passenger Class、equals 與 %{loop_value}」。[11]

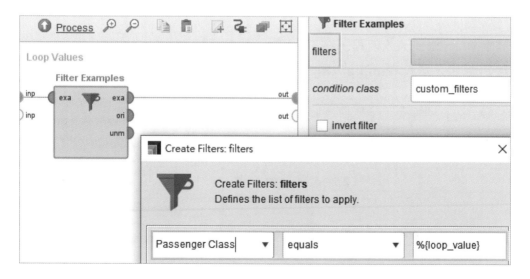

---

11 當運算式為雙層時，表示內含次流程，其輸出為雙線。次流程之 **Filter Examples** 依照 Passenger Class 的 3 種類型 (First、Second 與 Third)，迭代過濾。

⑤ 執行程式，檢視迭代執行 3 種類型艙等後，得到的 3 個樣本集，點選
「ExampleSet」，顯示各類型樣本數分別為 323、277 與 709 個。

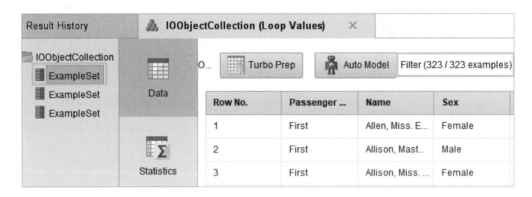

⑥ 加入 **Branch**，選擇 condition type 為「max_examples」，輸入 condition value
為「%{max size}」。

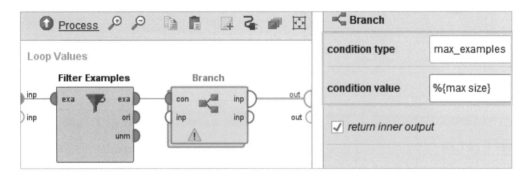

⑦ 雙擊 **Branch** 進入次流程，在 Then 中，直接連結 con (condition) 與 inp (input)，
在 Else 中，加入 **Sample**，輸入「%{max size}」於 sample size。[12]

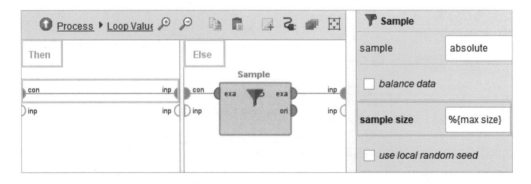

---

12 如最大樣本數 (max_examples) 不超過 %{max_size} (= 300) 時，執行 Then 直接輸出，當最大樣本數
超過 300 時，則於 Else 以 **Sample** 隨機抽取 300 個樣本後輸出。

8 執行程式，檢視 3 類型艙等，此時之樣本數皆不超過最大樣本數 300 個 (First、Second 與 Third Class，分別為 300、277 與 300 個)。

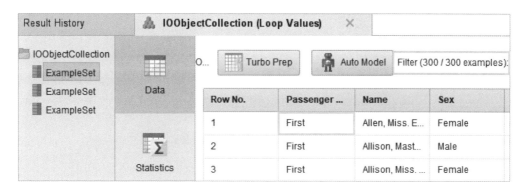

9 點選 Design 回流程，點選左上角 Process 回主流程，加入 **Append**。執行程式，檢視將 3 個樣本集附加後之 877 個樣本 (300 + 277 + 300)。[13]

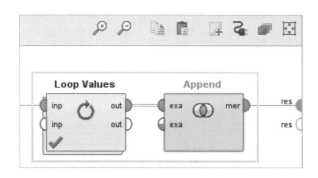

---

13 **Append** 後之連線由雙線變為單線。

練習 2-5-1

如要將男性與女性乘客分別選擇 200 位為上限,要如何設定?

解答

1　於 **Set Macro**, 將 value 改 為「200」。 於 **Loop Values**, 將 attribute 改 為「Sex」。於 **Filter Examples**,將 filters 中 Passenger Class 改為「Sex」。

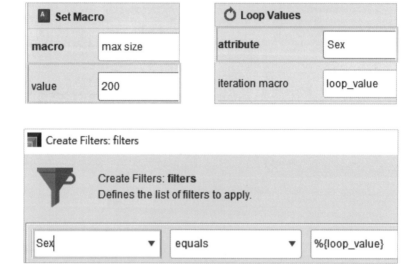

2　執行程式,檢視樣本數合計為 400 位,點選 Statistics 內 Sex 之 Details,顯示樣本中男性與女性乘客分別為 200 位。

2-6 以最小樣本進行迴圈與分支

✤ 目的

找出各類型資料中最小樣本數,建立一個每一類型具有該樣本數的資料集。

✤ 操作步驟

1. 從「Repository → Samples → data」拖曳 Titanic 資料至流程。

2. 加入 **Aggregate**,於 group by attributes 選擇「Passenger Class」,於 aggregation attributes 選擇「Passenger Class 與 count」。執行程式,檢視各艙等人數 count (Passenger Class),其中最少的為二等艙之 277 位。

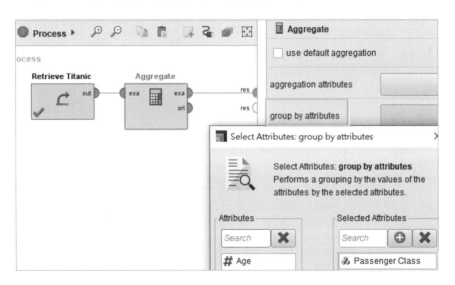

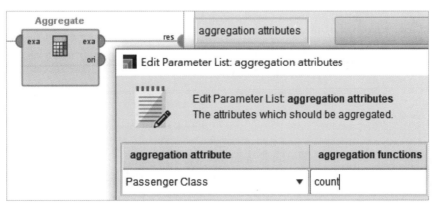

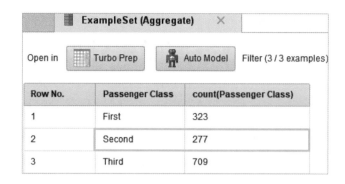

3 加入 **Extract Macro**，在 macro 寫入「min sample」，macro type 選擇「statistics」，statistics 選擇「min」，attribute name 選擇「count(Passenger Class)」。建立一個最小樣本數的巨集，名稱為「min sample」。

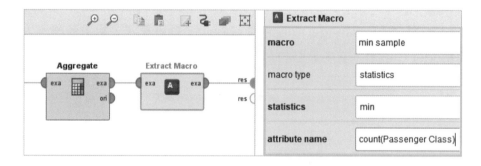

4 加入 **Generate Macro**，macro name 寫入「sample limit」，functions expressions 寫入「round(eval(%{min sample}))」以取得整數之樣本數。[14]

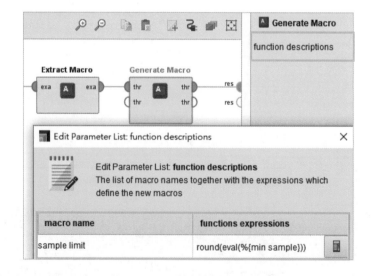

---

14 由於 statistics 產生之 min sample 有加小數點 (如 100.0)，故需以 **Generate Macro** 之 round 求其整數值，並使用新的巨集名稱 sample limit。

5　加入 **Loop Values**，將 inp 與 **Generate Macro** 右側第二個 thr 連線，於 attribute 中選擇「Passenger Class」。將 **Aggregate** 的先前資料 ori (original) 與 **Generate Macro** 左側的第二個 thr (through) 連線。[15]

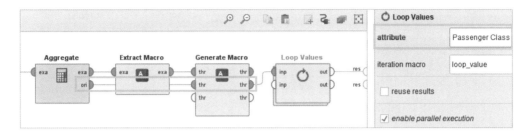

6　進入 **Loop Values** 次流程，加入 **Filter Examples**，於 filters 中分別輸入「Passenger Class、equals 與 %{loop_value}」。

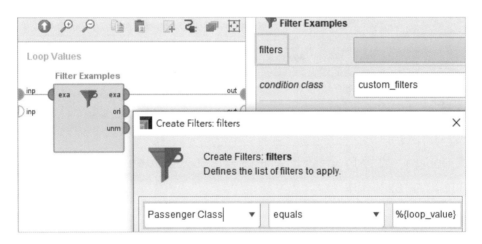

7　加入 **Branch**，設定 condition type 為「max_examples」，condition value 為「%{sample limit}」。

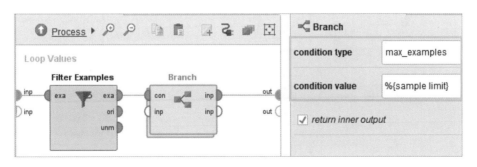

---

15 將 ori 經由 **Generate Macro** 第二個 thr 輸往 **Loop Values** 的 imp，可對分類前原始資料所有樣本進行迴圈，並以 sample limit 限制各艙等樣本數不超過最小樣本 (= 277)。

8 於 **Branch** 次流程 Then 中，直接連結 con 與 imp，在 Else 中，加入 **Sample**，
於 sample size 輸入「%{sample limit}」。

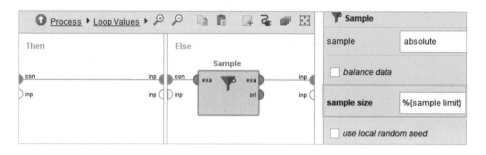

9 執行程式，檢視 3 個樣本集之樣本數皆為最小值 277 個。

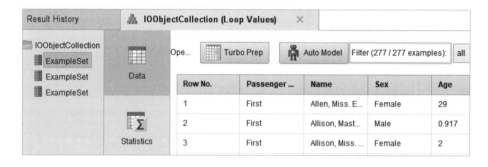

10 點選 Design，點選 Process 回到主流程，加入 **Append**。執行程式，檢視合計
之 831 (277*3) 個樣本。

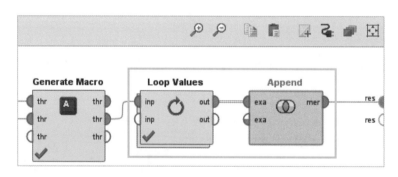

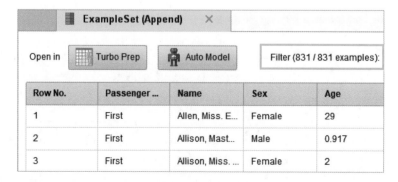

練習 2-6-1

如要將性別中較少之樣本數，作為性別取樣之上限，要如何更改設定？

解答

1️⃣ 於 **Aggregate** 將 group by attributes 變數改為 Sex，點滑鼠右鍵，勾選 Breakpoint After (運算至此後暫停，顯示結果)。

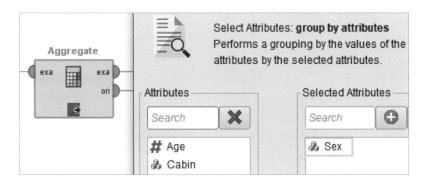

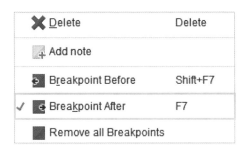

2️⃣ 將 **Loop Values** 之 attribute 改 為「Sex」， 將 **Filter Examples** 之 Passenger Class 改為「Sex」。

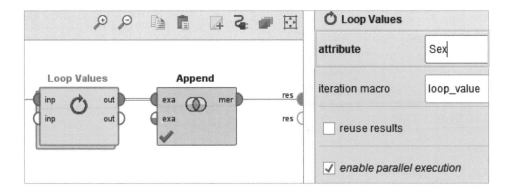

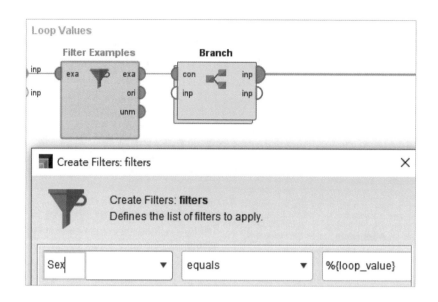

3 執行程式，流程執行 **Aggregate** 後會暫停並產生結果，檢視 Female 與 Male 樣本數，其中女性 466 人較少。

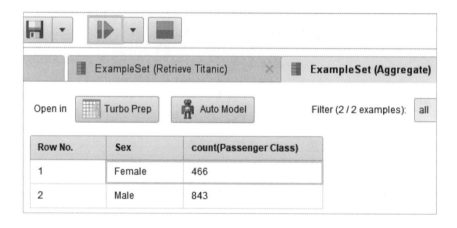

4 點選 ▶️ 繼續完成程式執行，檢視合計之 932 個樣本，點選 Statistics 顯示男性與女性皆為 466 人。[16]

---

16 再次勾選 Breakpoint After，即可取消該暫停功能。

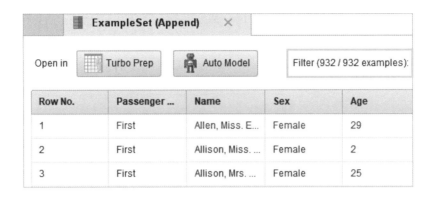

2-7 讀入多個檔案進行儲存、合併與運算

✤ 目的

利用迴圈同時讀入多個檔案，儲存後附加成一個檔案。

✤ 操作步驟

 打開 Data File，於 Taiwan import and export 檔案內，檢視台灣 2010-2015 共 6 年之進出口值 Excel 檔。

名稱	修改日期	類型	大小
taiwan import and export 2010	2022/8/19 上午 10:21	Microsoft Excel 9...	26 KB
taiwan import and export 2011	2022/8/19 上午 10:22	Microsoft Excel 9...	26 KB
taiwan import and export 2012	2022/8/19 上午 10:22	Microsoft Excel 9...	26 KB
taiwan import and export 2013	2022/8/19 上午 10:23	Microsoft Excel 9...	26 KB
taiwan import and export 2014	2022/8/19 上午 10:23	Microsoft Excel 9...	26 KB
taiwan import and export 2015	2022/8/19 上午 10:24	Microsoft Excel 9...	26 KB

> Data File > Taiwan import and export

搜尋 Taiwan import

2 加入 **Loop Files**，連線後於 directory 點選  選擇「Data File → Taiwan import and export」檔案。

3 於次流程加入 **Read Excel**，連線左側 fil 與右側 out 讀入與輸出檔案。執行程式，檢視 2010-2015 年，台灣 6 年分別的進出口值。

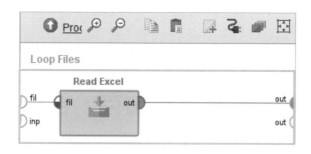

4 點選 Design 回主流程，加入 **Store**，於 repository entry 將多個檔案同時儲存於 Local Repository 之 data 中 (檔名 Taiwan import and export)。執行程式，檢視儲存之多個檔案。

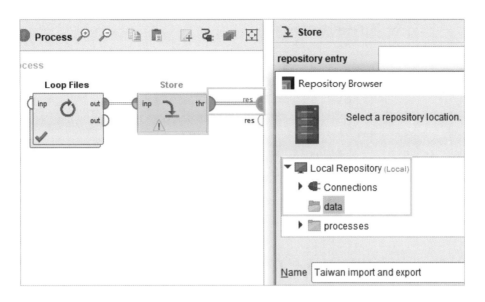

5 停用所有運算式,將 data 內儲存之 Taiwan import and export 檔拖曳至空白流程。加入 **Append**。執行程式,檢視將 6 年資料附加成一個檔案。[17]

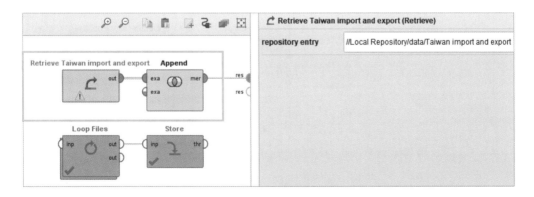

---

17 符號 🔺 表內含多個資料檔,直接使用此資料檔可避免 **Loop Files** 逐次讀取多個檔案所花費的時間。

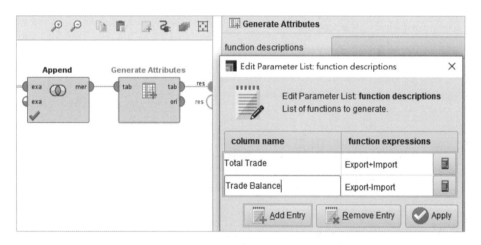

Row No.	Year	Export	Import
1	2010	8243791	8066206
2	2011	8559155	8432663
3	2012	8397501	8182518
4	2013	8525834	8218124
5	2014	8955940	8500467
6	2015	8339513	7489140

6 加 入 **Generate Attributes**， 在 function descriptions 內 之 column name 輸入「Total Trade」，function expressions 輸 入「Export＋Import」。 點 選「Add Entry」， 在 column name 輸 入「Trade Balance」，function expression 輸 入「Export-Import」。執行程式，檢視各年貿易總額 (Total Trade) 與貿易餘額 (Trade Balance)。

column name	function expressions
Total Trade	Export+Import
Trade Balance	Export-Import

Row No.	Year	Export	Import	Total Trade	Trade Balance
1	2010	8243791	8066206	16309997	177585
2	2011	8559155	8432663	16991818	126492
3	2012	8397501	8182518	16580019	214983
4	2013	8525834	8218124	16743958	307710
5	2014	8955940	8500467	17456407	455473
6	2015	8339513	7489140	15828653	850373

練習 2-7-1

計算 6 年之出口、進口、出進口總額與貿易餘額和。

解答

1. 加入 **Aggregate**，於 aggregation attribute 以 Add Entry 分別輸入 Export、Import、Total Trade 與 Trade Balance 之「sum」。執行程式，檢視加總 6 年出口、進口、出進口總額與貿易餘額之和。

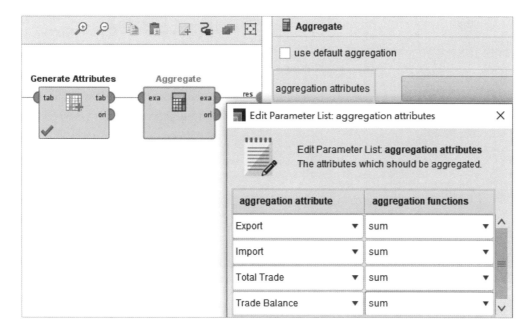

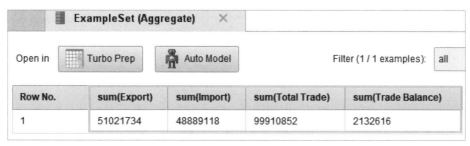

Row No.	sum(Export)	sum(Import)	sum(Total Trade)	sum(Trade Balance)
1	51021734	48889118	99910852	2132616

2 加入 **Rename by Replacing**，於 replace what 輸入「(.*)\\((.*)\\)」，replace by 輸入「$2」。執行程式，檢視簡化變數名稱與之前一致。

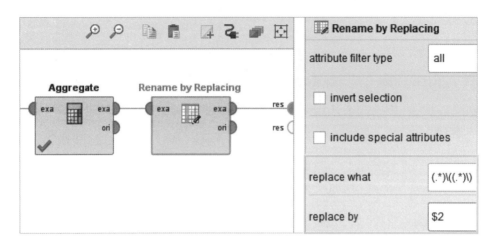

3 加入 **Append (Superset)**，完成以下連線。執行程式，檢視結果，其中 Year 欄位遺漏值應改為總和。[18]

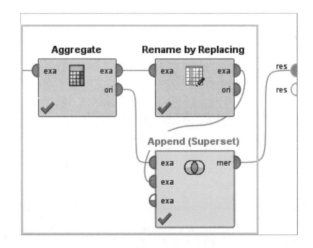

---

18 將原始各年數值與加總數值合併，由於加總之樣本沒有變數 Year，需以 **Append (Superset)** 才能附加不同變數之樣本。

Row No.	Year	Export	Import	Total Trade	Trade Balance
1	2010	8243791	8066206	16309997	177585
2	2011	8559155	8432663	16991818	126492
3	2012	8397501	8182518	16580019	214983
4	2013	8525834	8218124	16743958	307710
5	2014	8955940	8500467	17456407	455473
6	2015	8339513	7489140	15828653	850373
7	?	51021734	48889118	99910852	2132616

4 加入 **Numerical to Polynominal**，將 Year 由 Integer 改為 nominal 名目變數。[19]

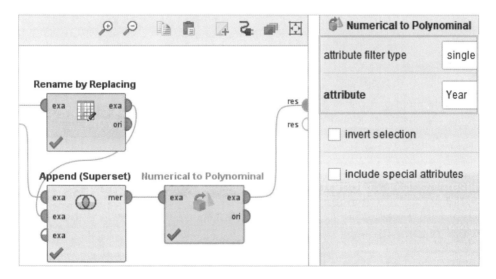

---

[19] 由於 Year 為 Integer 數值型變數，若要更改其內容，需先將其改為 nominal 名目變數。

⑤ 加入 **Replace Missing Values**，選擇「Year」變數，於 default 選擇「value」，
於 replenishment value 輸入「Sum」(將遺漏值改為 Sum)。執行程式，檢視最
終結果。

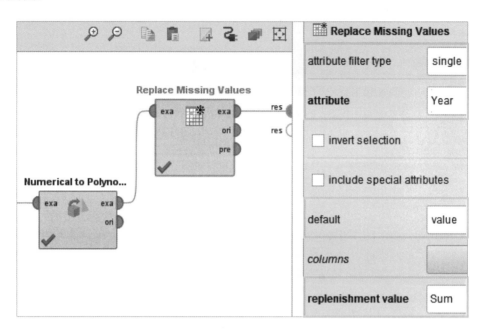

Row No.	Year	Export	Import	Total Trade	Trade Balance
1	2010	8243791	8066206	16309997	177585
2	2011	8559155	8432663	16991818	126492
3	2012	8397501	8182518	16580019	214983
4	2013	8525834	8218124	16743958	307710
5	2014	8955940	8500467	17456407	455473
6	2015	8339513	7489140	15828653	850373
7	Sum	51021734	48889118	99910852	2132616

2-8 結合多個檔案之變數

目的

利用 **Recall** 與 **Remember** 將來自多個檔案的變數結合。

操作步驟

1. 打開 Data File，於 stock indices 檔案內，檢視 6 個股價指數 (KOSPI, NASDAQ, NIKKEI 225, S_P 500, SHCOMP 與 TWSE) 之 Excel 檔。

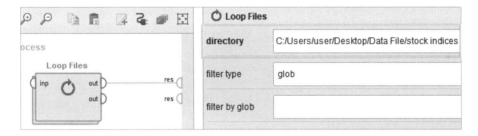

2. 加入 **Loop Files**，於 directory 打開 stock indices 檔案。

3. 於次流程加入 **Read Excel**，連線左側 fil 與右側 out。執行程式，檢視 6 個國家股價指數的 4,240 筆日資料 (2000/1/3-2016/4/1)。

4　回主流程，加入 **Loop Collection**，勾選 set iteration macro 設定迭代巨集，巨集名稱預設值為 iteration，起始值為 1。

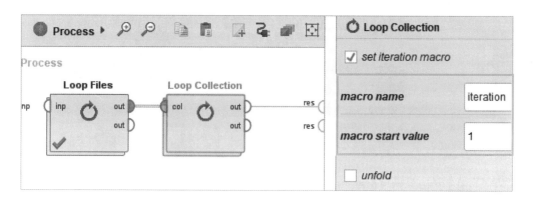

5　進入 **Loop Collection** 次流程，加入 **Branch**，於 condition type 選擇「expression」，於 expression 輸入「%{iteration}==1」(從第一個檔案開始迭代運算)。

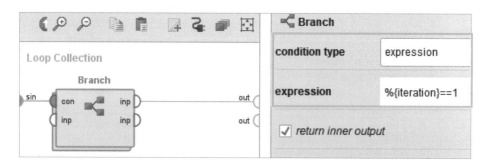

6　進入 **Branch** 次流程，於 Then 加入 **Remember**，於 name 寫入「join file」(或自訂檔名)。

7 於 Else 加入 **Recall**、**Join** 與 **Remember**，完成以下連線後，分別於 **Recall** 與 **Remember** 之 name 寫入相同檔名「join file」。於 **Join** 之 key attributes 分別輸入「Date」，作為結合各國股價指數之關鍵變數。[20]

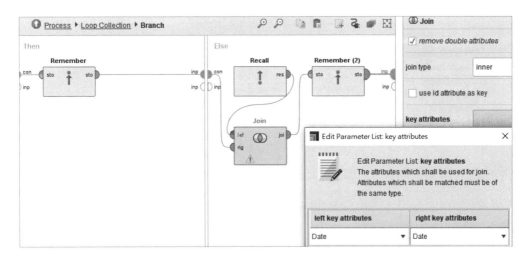

8 執行程式，檢視逐一累加之各國股價指數。[21]

20 由於 Join 一次只能結合兩個變數，利用 **Remember**（記憶）與 **Recall**（召回）可逐次兩兩結合，直到累積結合完 6 個指數。當第 1 筆資料 (%{iteration}==1) 於 Then 被記憶後，會於 Else 被召回。在與 Else 讀入之第 2 筆資料 (%{iteration}==2) 結合後，第 1 筆加第 2 筆會於 Else 被記憶。而後第 1 與第 2 筆資料於 Else 被召回，又與新讀入之第 3 筆資料結合，以此類推，直到累積結合完 6 個指數為止。

21 第 6 個 ExampleSet 會顯示所有累加的結果。

2-41

9 回主流程，加入 **Recal** 連線，於 name 寫入「join file」。執行程式，檢視將 6 國股價指數完全結合並召回後之結果。

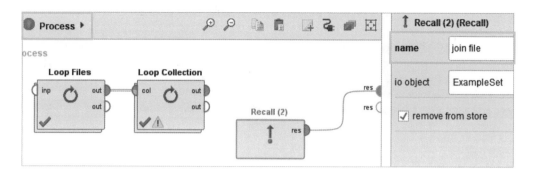

	Date	KOSPI	NASDAQ	NIKKEI	SHCOMP	SP500	TWSE
	Jan 3, 2000 1...	?	4131.150	?	1366.580	1455.220	?
	Jan 4, 2000 1...	1059.040	3901.690	19002.859	1406.370	1399.420	8756.550
	Jan 5, 2000 1...	986.310	3877.540	18542.551	1409.680	1402.110	8849.870

練習 2-8-1

除了應用 **Recall**、**Join** 與 **Remember** 方法外，合併多個變數的簡易方法為何？

解答

僅保留 **Loop Files** 並於後直接加入 **Merge Attributes**，於 handling of duplicate attributes 選擇「keep_only_first」(只保留第一個 Date)。執行程式，可得到相同的合併結果。

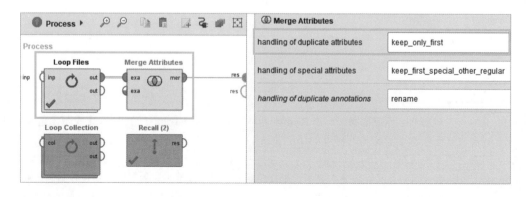

計算日資料之月平均與季平均值

目的

計算日股價指數之月平均與季平均值。[22]

操作步驟

 加入 **Read Excel**，讀入 6 stock indices 檔案，檢視 6 個股價指數之日資料 (2000/1/3-2016/4/1，共 4,240 筆)。

Open in	Turbo Prep	Auto Model				Filter (4,240 / 4,240 examples):	all
Row No.	Date	KOSPI	NASDAQ	NIKKEI	SHCOMP	SP500	TWSE
1	Jan 3, 2000	?	4131.150	?	1366.580	1455.220	?
2	Jan 4, 2000	1059.040	3901.690	19002.859	1406.370	1399.420	8756.550
3	Jan 5, 2000	986.310	3877.540	18542.551	1409.680	1402.110	8849.870

加入 **Generate Copy**，於 attriubte name 輸入「Date」，new name 輸入「Month」，複製 Date 資料至新變數 Month，檢視結果。

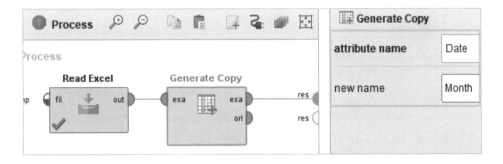

---

22 參考 RapidMiner 社群 https://community.rapidminer.com/discussion/57152/create-quarter-series-based-on-one-quarter-of-a-year。

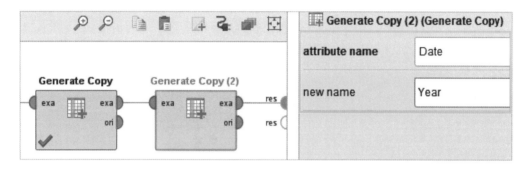

3 加入第二個 **Generate Copy**，複製 Date 資料至新變數 Year，檢視結果。[23]

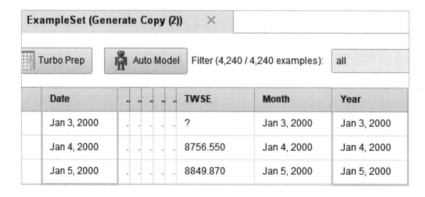

4 加入 **Date to Numerical**，完成以下參數設定，將 Month 轉換為 1-12 月之數值型變數。

---

23 新建之 Month 與 Year 兩變數，如同 Date 都屬於日期型變數。

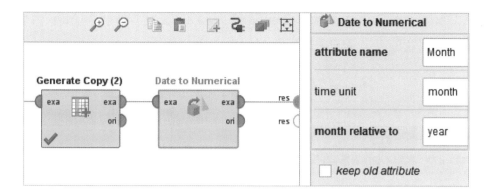

5 加入一新的 **Date to Numerical**，完成以下參數設定，將 Year 轉換為 2000-2016 年之數值型變數。

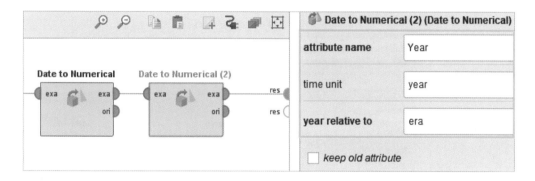

6 執行程式，與點選 Statistics 分別檢視結果。

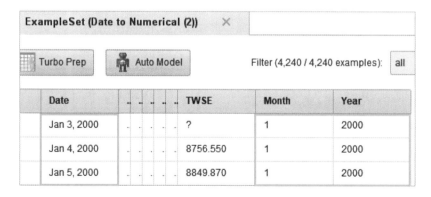

Date	..	..	..	..	..	TWSE	Month	Year
Jan 3, 2000						?	1	2000
Jan 4, 2000						8756.550	1	2000
Jan 5, 2000						8849.870	1	2000

				Min	Max
∨ **Month**	Real	0		1	12
∨ **Year**	Real	0		2000	2016

7️⃣ 加入 **Generate Contcatenation**，完成以下設定，將 Month 與 Year 合併。執行程式，檢視合併後之新的名目變數 Month_Year。

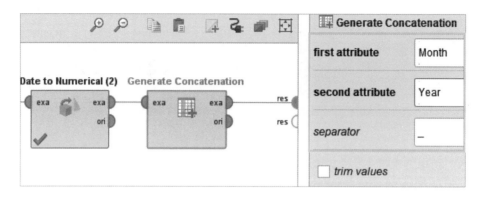

TWSE	Month	Year	Month_Year
?	1	2000	1.0_2000.0
8756.550	1	2000	1.0_2000.0
8849.870	1	2000	1.0_2000.0

Filter (4,240 / 4,240 examples): all

8️⃣ 加入 **Replace**，於 replace what 輸入「\.0」，於 replace by 維持空白。刪除 .0 以簡化 Month_Year 內容。執行程式，檢視新的年月欄位。[24]

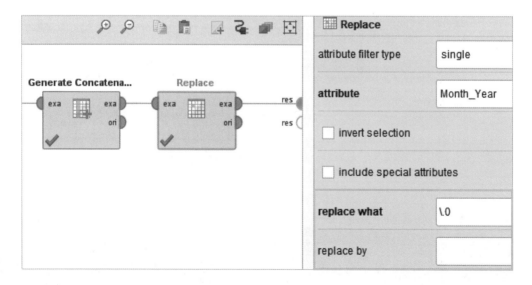

---

24 由於 "." 為特殊符號，其前須加上反斜線 \ 以除去其特殊性。

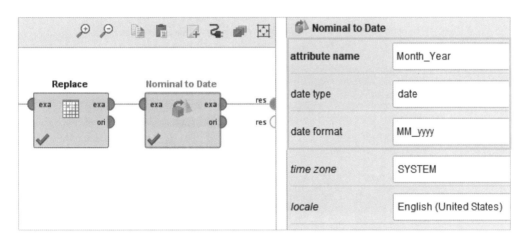

9 加入 **Nominal to Date**，完成以下設定，將 Month_Year 年月欄位以日期 Date 方式呈現。執行程式，檢視結果。[25]

---

25 依據名目變數型式輸入 MM_yyyy，其中月份為兩位數皆需為大寫。結果顯示，第 1、2、3 …月，分別以 Jan 1、Feb 1、Mar 1 …呈現。

10 加入 **Aggregate**，於 group by attributes 選擇「Month_Year」，於 aggregation attributes 完成以下各股價指數平均值之設定。

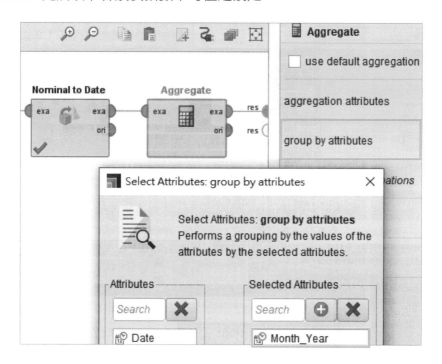

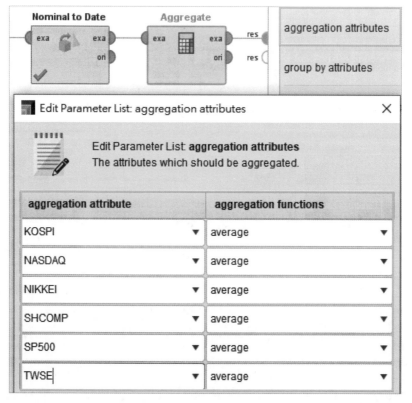

11 執行程式，檢視 6 個股市 2000 年 1 月至 2016 年 4 月，共 196 個月之月平均股價指數。

Month_Year	average(KO...	average(NA...	average(NIK...	average(SH...	average(SP...	average(TW...
Jan 1, 2000	952.520	4013.494	18941.608	1462.082	1425.586	9210.258
Feb 1, 2000	903.650	4410.871	19685.533	1607.197	1388.874	9873.222
Mar 1, 2000	878.349	4802.988	19834.719	1722.827	1442.213	9330.090

ExampleSet (Aggregate) — Turbo Prep, Auto Model, Filter (196 / 196 examples)

練習 2-9-1

修改程式，計算季平均股價。

解答

於第一個 Generate Copy 與第一個 Date to Numerical 完成以下修改，將 new name 改為「Quarter」，time unit 改為「quarter」。

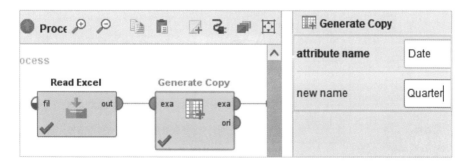

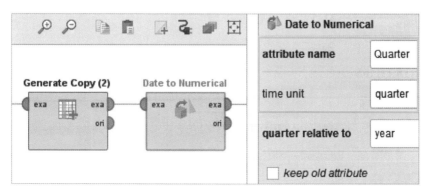

① 於第一個 **Date to Numerical** 後，加入 **Map**，於 value mappings 將 1、2、3、4 轉換為 3、6、9、12 (4 季的月份)，勾選 Breakpoint After。執行程式，檢視 Quarter 變數內容。[26]

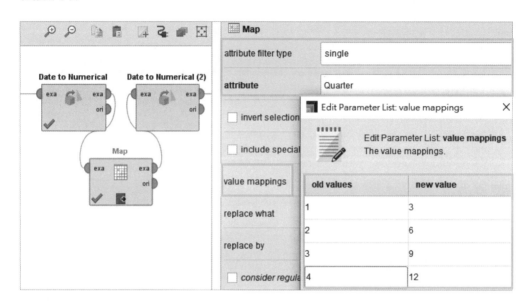

② 修改 **Generate Concatenation** 之 first attribute 為「Quarter」，**Replace** 之 attribute 為「Quarter_Year」。

---

26 其中 3 代表第 1 季的月份 (3 月)，6 代表第 2 季的月份 (6 月) …。

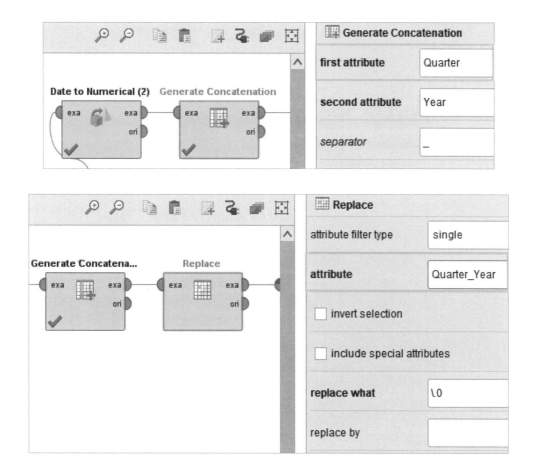

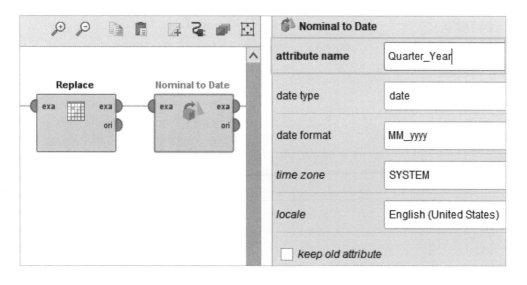

3 修改 **Nominal to Date** 之 attribute name 與 **Aggregate** 之 group by attributes 為「Quarter_Year」。

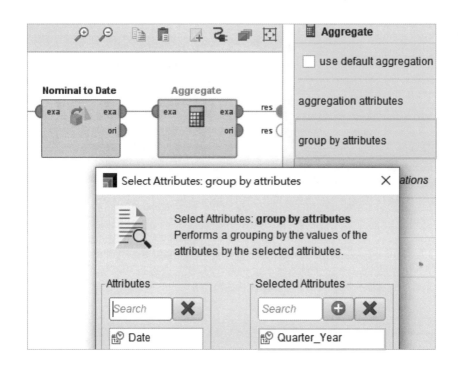

4 執行程式，檢視 6 個股市 2000 年第 1 季至 2016 年第 2 季，共 66 季之季平均股價指數。[27]

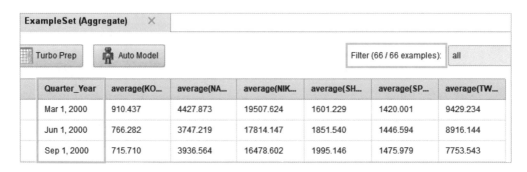

Quarter_Year	average(KO...	average(NA...	average(NIK...	average(SH...	average(SP...	average(TW...
Mar 1, 2000	910.437	4427.873	19507.624	1601.229	1420.001	9429.234
Jun 1, 2000	766.282	3747.219	17814.147	1851.540	1446.594	8916.144
Sep 1, 2000	715.710	3936.564	16478.602	1995.146	1475.979	7753.543

27 由於 date format 中並無季 quarter 之選項，故維持 MM_yyyy 型式，以 3、6、9、12 月份的第 1 天 (Mar 1、Jun 1、Sep 1、Dec 1) 代表第 1、2、3、4 季。

1. 依據 2-2 節，將 Titanic 資料，選擇 Passenger Class、Age、Sex 與 Passenger Fare 4 個變數，刪除所有遺漏值後剩多少樣本？ __1045__ 標準常態化後，選擇 4 個離群值，該 4 位乘客的平均年齡為幾歲？ __0.775__

2. 依據 2-2 與 2-3 節，將 Titanic 資料，刪除 Cabin、Life Boat、Name、Port of Embarkation 與 Ticket Number 5 個變數後，刪除所有遺漏值。標準常態化後，選擇 1 個離群值，該乘客的年齡為幾歲？ __1.956__ 刪除 **Normalize** 與 **Detect Outlier (Distances)** 運算式，以 Pivot 找出坐 3 等艙、男性、沒有存活的有幾位？ __289__

3. 依據 2-4 節，使用巨集 (Macro) 抽取 Titanic 資料 20% 的樣本數為多少？ __262__ 如將 local random seed 設為 1000，第一個乘客樣本的年齡為幾歲？ __71__

4. 依據 2-4 節，使用巨集抽取 Titanic 資料 10% 的樣本數，共有多少樣本？ __131__ 如將 local random seed 設為 1500，第一個乘客樣本的年齡為幾歲？ __25__

5. 依據 2-5 節，如果限制乘客是否存活的樣本數皆為 500 人，這 1000 位乘客的平均船票價格為多少？ __36.278__ 在 500 位存活乘客中，平均船票價格為多少？ __49.361__

6. 依據 2-5 節，以登船人數最少的港口 (Port of Embarkation) 人數限制每一港口樣本數 (使每一港口登船人數相同)，抽樣後平均年齡為多少歲？ __30.329__ 其中男性乘客有幾位？ __227__

7. 依據 2-7 節，2015 年台灣的貿易餘額占總貿易額比 (Trade Balance Ratio) 為多少？ __0.054__ ？ (提示：於 **Generate Attribute** 中加入 Trade Balance Ratio = [Trade Balance]/[Total Trade]) 2010-2015 年平均貿易餘額占總貿易額比為多少？ __0.022__ ？ (提示：於 Aggregate 中加入項目計算平均值)

8. 依據 2-7 節，計算台灣 6 年的平均出進口比 (Export Import Ratio = Export / Import) 為多少？ __1.045__ 標準差為多少？ __0.036__

學習評量

9. 依據 II.9 節，台股 (TWSE) 2000 年 1 月的股價中位數 (median) 為多少？
   <u>9148.045</u> 日經 NIKKEI 225 指數 2000 年 3 月的股價標準差為多少？
   <u>437.695</u>

10. 依據 II.9 節，台股 (TWSE) 2000 年第一季的股價中位數 (median) 為多少？
    <u>9434.215</u> 日經 NIKKEI 225 指數 2000 年第三季的股價標準差為多少？
    <u>555.831</u>

模型之
建置、評分與驗證

本章介紹分類模型之建置、預測、績效評估及驗證方式，內容包含分割資料與交叉驗證的差異。使用之演算法包含決策樹、簡單貝式法、規則歸納法以及羅吉斯回歸等。在比較不同演算法績效表現方面，除了常用之準確率、精確率與召回率等指標外，更介紹以視覺化模型(ROC 曲線) 進行分析。

3-1 分類模型之建置

❖ 目的

以決策樹 **Decision Tree**、簡單貝氏 **Naive Bayes** 以及規則歸納 **Rule Induction** 三種演算法，檢視鐵達尼號乘客能否存活的主要因素。[1]

❖ 操作步驟

1 從「Repository → Samples → data」拖曳 Titanic Training 訓練資料至空白流程。執行程式，檢視 916 個樣本、一個特殊 (Survied- 目標變數) 及 6 個一般變數。

Survived	Age	Passenger ...	Sex	No of Sibling...	No of Parent...	Passenger F...
Yes	29	First	Female	0	0	211.338
No	2	First	Female	1	2	151.550
No	30	First	Male	1	2	151.550

2 加入 **Decision Tree**、**Naive Bayes** 以及 **Rule Induction** 三個運算式並予連線，將 **Decision Tree** 之 maximum depth 設定為「5」。

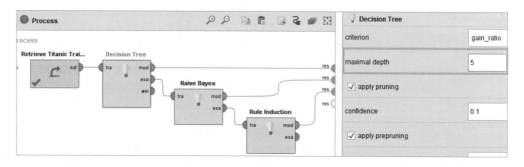

1　演算法分監督式學習、非監督式學習、半監督式學習與強化式學習四種，監督式學習包含目標變數而非監督式學習則無。目標變數有分類型 (classification) 及數值型兩種，決策數兩者皆可適用，簡單貝氏以及規則歸納屬於前者，而線性迴歸 **Linear Regression** 則屬於後者，參考 https://www.ecloudvalley.com/tw/blog/machine-learning/。

執行程式，在 **Decision Tree** 及 **Rule Induction** 模型敘述 Description 中，Sex 是樹的分支與規則最先出現的變數，顯示 Sex 是乘客存活的最主要因素。

Tree

```
Sex = Female
|   No of Parents or Children on Board > 4.500: No {Yes=0, No=4}
|   No of Parents or Children on Board ≤ 4.500
|   |   No of Siblings or Spouses on Board > 4.500: No {Yes=0, No=2}
|   |   No of Siblings or Spouses on Board ≤ 4.500: Yes {Yes=239, No=77}
Sex = Male: No {Yes=110, No=484}
```

RuleModel

```
if Sex = Male and Passenger Fare ≤ 26.269 then No  (57 / 367)
if Sex = Female and Passenger Class = First then Yes  (97 / 4)
if Sex = Male and Passenger Fare > 31.137 then No  (33 / 90)
if Passenger Class = Second and Age ≤ 28.500 then Yes  (36 / 4)
if Passenger Fare ≤ 24.808 and Passenger Fare > 15.373 and Age > 29.441 then Yes  (18 / 3)
if Passenger Fare ≤ 14.281 then Yes  (68 / 40)
if Passenger Class = Third and Passenger Fare > 23.746 then No  (1 / 23)
if Passenger Class = Second and Passenger Fare > 30.375 then Yes  (4 / 0)
if No of Parents or Children on Board ≤ 0.500 and Age ≤ 30.441 and Passenger Fare ≤ 28.710 and Age > 28.500 then No  (1 / 8)
if Age ≤ 54 then Yes  (33 / 22)
if Age ≤ 71 then No  (0 / 6)
else Yes  (0 / 0)
```

 從 **Naive Bayes** 各變數的機率密度 (probability density) Simple Charts 圖形中，顯示乘客是否存活的機率在 Sex 變數差異最大 (存活乘客約 70% 是女性，而死亡乘客約 85% 為男性)。

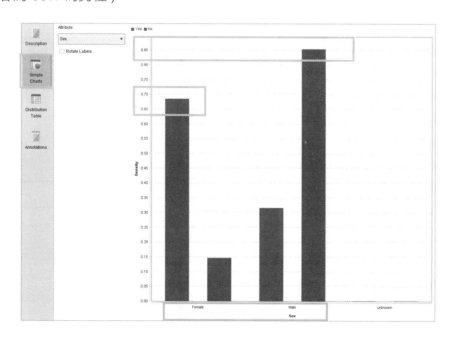

練習 3-1-1

檢視 **Naive Bayes** 各變數的機率密度圖形，那些變數顯示直條圖？哪些變數則為曲線圖？依據 Age 圖形，0 到 10 歲乘客中，死亡或存活的機率何者較高？

解答

連續性資料變數 (如實數之 Age 等) 為曲線機率密度圖，非連續性資料變數 (如雙元變數 Sex 等) 則為直條機率密度圖。由 Age 之機率密度圖顯示，0 到 10 歲乘客存活 (藍色) 的機率較死亡 (紅色) 為高。

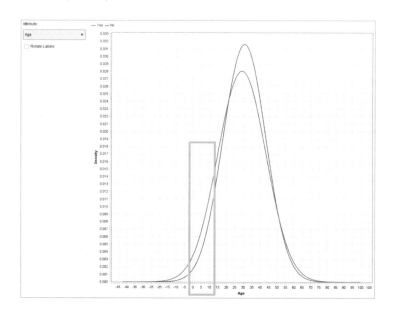

練習 3-1-2

說明 **Naive Bayes** 如何計算條件機率，預測男性、30 歲以上的乘客是否存活。

解答

Naive Bayes 假設各條件 (如性別、年齡、艙等等) 的發生相互獨立，條件機率是依據以下公式計算：[2]

$$P(c \mid X) = P(x_1 \mid c) \times P(x_2 \mid c) \times \cdots \times P(x_n \mid c) \times P(c)$$

2　決策樹模型是依據訓練資料樹的分支進行預測，規則歸納法是以一連串 if … then …將訓練資料進行規則細分後預測，而簡單貝氏法則是依據訓練資料各變數的機率密度，計算條件機率進行預測，參考 https://mropengate.blogspot.com/2015/06/ai-ch14-3-naive-bayes-classifier.html。

其中 $P(c \mid X)$ 是指男性、30 歲以上乘客 (X) 存活 (c) 的條件機率，其值等於存活乘客中為男性的機率 $P(x_1 \mid c)$ * 存活乘客中為 30 歲以上的機率 $P(x_2 \mid c)$ * 乘客存活的機率 $P(c)$。同樣再依此公式計算男性、30 歲以上乘客不會存活的機率。如會存活的機率 < 不會存活的機率，則預測男性、30 歲以上乘客不會存活，反之則預測會存活。

3-2 模型預測

❖ 目的

以訓練 / 學習產生的模型，對樣本進行預測。

❖ 操作步驟

1. 下載 Titanic Training 資料，加入 **Naive Bayes** 與 **Apply Model**，連線後執行程式，比較實際存活 Survived 與預測存活 predition (Survived) 的結果。[3]

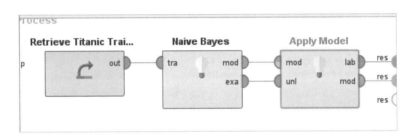

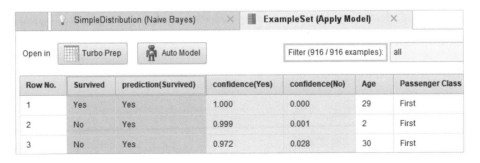

Row No.	Survived	prediction(Survived)	confidence(Yes)	confidence(No)	Age	Passenger Class
1	Yes	Yes	1.000	0.000	29	First
2	No	Yes	0.999	0.001	2	First
3	No	Yes	0.972	0.028	30	First

---

3 當預測信心水準 confidnece (Yes) > 0.5（預設閾值）時，預測值 prediction (Survived) 為 Yes，反之則為 No。由於此時是對 916 個相同樣本進行模型訓練與預測，可能會高估模型的預測能力。

② 拖曳 Titanic Unlabeled (無目標變數) 資料至流程，連線後執行程式，檢視內容，
顯示內含 392 個樣本，其中並無目標變數 Survied。

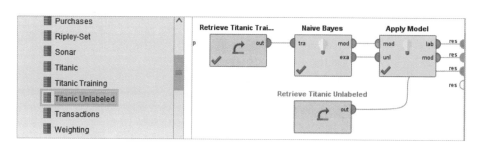

③ 將 Titanic Unlabeled 之 out 與 **Apply Model** 的 unl 連結，執行程式，點選
ExampleSet (Apply Model)，檢視以訓練出的模型對 392 個無目標變數樣本的預
測結果。[4]

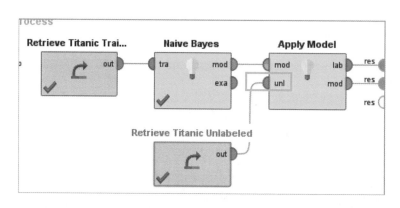

4 雖然沒有使用相同樣本進行模型訓練與預測，但由於只有預測值而無實際值，無法評估預測績效。

3-3 分割資料預測並檢視績效

✦ 目的

將資料分割成訓練 (training) 與測試 (testing) 兩部分，經由對訓練資料的學習，對測試資料進行預測並檢視模型的預測績效 (performance)。

✦ 操作步驟

1. 下載 Titanic Training 資料，加入 **Split Data**，在 partitions 中，以 Add Entry 分別輸入「0.7 與 0.3」兩個比率 (以 70% 作為訓練資料，以 30% 作為測試資料)。分別將兩個 par (partition) 連線至 res，點執行程式，檢視分割後的兩個樣本集 (分別為 641 與 275 個樣本)。

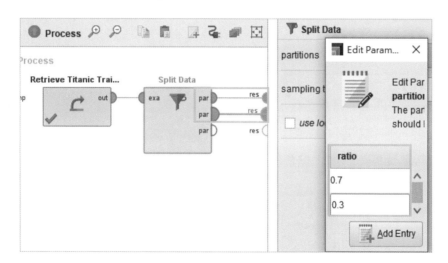

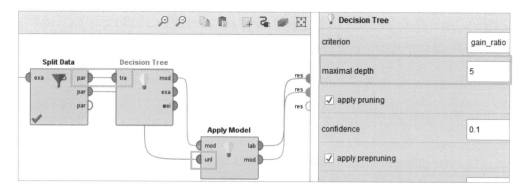

2 加入 **Decision Tree**，將 maximum depth 設為「5」，加入 **Apply Model**，將 **Split Data** 第一個 par 連線至 tra (training set 訓練集)、第二個 par 至 unl (無目標變數資料 unlabeled data)，完成其它連線。

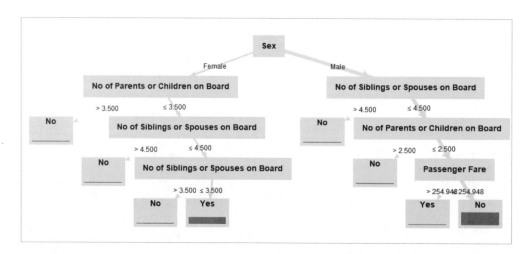

3 執行程式，檢視以對 641 個訓練資料學習後的決策樹模型，以及以該模型預測 275 個測試資料的結果，檢視乘客是否存活的實際值與預測值。

| | Tree (Decision Tree) | × | ExampleSet (Apply Model) | × | |

| Open in | Turbo Prep | Auto Model | | Filter (275 / 275 examples): | all |

Row No.	Survived	prediction(Survived)	confidence(Yes)	confidence(No)	Age
1	Yes	Yes	0.779	0.221	18
2	No	No	0.194	0.806	29.881
3	Yes	Yes	0.779	0.221	50

④ 加入 **Performance**，連線後執行程式，檢視 PerformanceVector (Performance) 內混淆矩陣 (confusion metrix)，顯示 **Decision Tree** 模型對測試資料之預測準確率 (accuracy) 為 80.00%。[5]

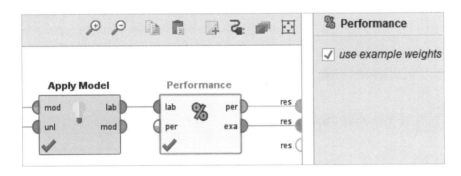

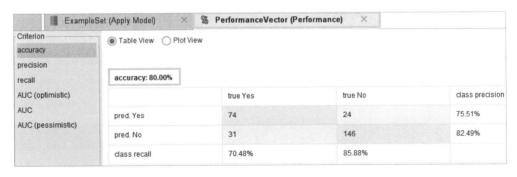

Criterion		true Yes	true No	class precision
accuracy	accuracy: 80.00%			
precision				
recall	pred. Yes	74	24	75.51%
AUC (optimistic)				
AUC	pred. No	31	146	82.49%
AUC (pessimistic)				
	class recall	70.48%	85.88%	

5　準確率 (accuracy) 為預測正確 (true Yes 且 pred Yes 與 true No 且 pred No) 佔所有預測樣本數的比率 (此例為 (74 + 146) / (74 + 146 + 24 + 31) = 220 / 275 = 80.00%)。

練習 3-3-1

如何檢視多少樣本是正確及錯誤預測？

解答

點選 Example Set (Apply Model)，於右上角 Filter 內可選擇正確與錯誤預測 (correct_predictions 與 wrong_predictions) 樣本。顯示正確與錯誤預測比率分別為 220/275 與 55/275，與混淆矩陣顯示之數量相同。

Row No.	Survived	prediction(Survived)	confidence(Yes)	confidence(No)	Age	Pas
1	Yes	Yes	0.779	0.221	18	Firs
2	No	No	0.194	0.806	29.881	Firs
3	Yes	Yes	0.779	0.221	50	Firs

Row No.	Survived	prediction(Survived)	confidence(Yes)	confidence(No)	Age	Pas
1	Yes	No	0.194	0.806	37	First
2	Yes	No	0.194	0.806	26	First
3	Yes	No	0.194	0.806	27	First

練習 3-3-2

預測之召回率 (recall) 與精確率 (precision) 分別為多少？其代表何意義？預設值 positive class: No 代表何意義？

解答

由 PerformanceVector 之 Despcription 顯示 Precision 與 Recall 分別為 82.49% 與 85.88%。精確率 Precision 代表預測陽性 positive 中實際為陽性的比率 (TP/PP)，召回率 Recall 代表所有陽性中被正確預測為陽性的比率 (TP/P)。此例 Precision 與

Recall 預設的陽性為 No (positive class: No)，也就是將乘客未存活設為陽性來計算 Precision 與 Recall 等績效值。[6]

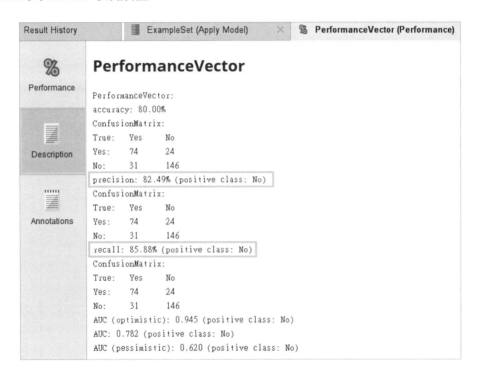

---

[6] 混淆矩陣 (Confusion Matrix)：

	P 陽性	N 陰性	
PP 預測陽性	**TP** 真陽性	**FP** 偽陽性	TP / PP = 精確率
PN 預測陰性	**FN** 偽陰性	**FN** 真陰性	
	TPR = TP/P = 召回率	FPR = FP/N	

P (Positive) 陽性，N (Negative) 陰性，PP (Predict Positive) 預測陽性，PN (Predict Negative) 預測陰性，TP (True Positive) 真陽性，FP (False Positive) 偽陽性 - 第一型錯誤，TN (True Negative) 真陰性，FN (False Negative) 偽陰性 - 第二型錯誤

真陽性率 TPR (True Positive Rate) = TP / P = 召回率 Recall

偽陽性率 FPR ((False Positive Rate) = FP / N

準確率 Accuracy：(TP + TN) / (P + N) = (TP + TN) / (TP + FN + FP + TN)

召回率 Recall：TP / P

精確率 Precision：TP / PP

F1 分數 F1 Score：2 * (Recall * Precision) / (Recall + Precision) 參考 https://medium.com/@s716419/%E6%A9%9F%E5%99%A8%E5%AD%B8%E7%BF%92%E6%A8%A1 %E5%9E%8B%E8%A9%95%E4%BC%B0%E6%8C%87%E6%A8%99-confusion-matrix-precision-and-recall-e9d64ff14d81。

練習 3-3-3

要如何將陽性 positive class 改為存活 Yes，改變後預測績效為何？

解答

加入 **Remap Binominal** 於 **Split Data** 前，選擇 Survived 變數，設定 positive value 為 Yes，negative value 為 No，勾選「include special attributes」。執行程式與 Description，檢視 Accuracy 為 80.00% 不變，Precision 降為 75.51%，Recall 降為 70.48%，顯示預測陽性為乘客存活時，精確率與召回率均降低。[7]

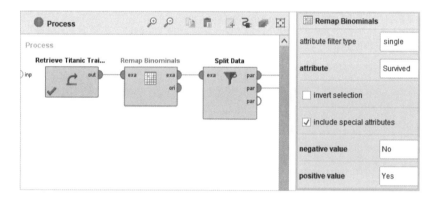

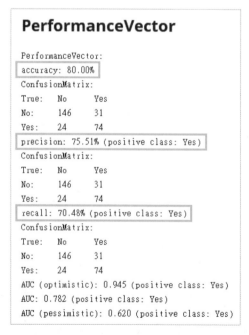

交叉驗證

目的

將樣本分為 K 等分，選擇一等分為測試資料，其餘為訓練資料，更換不同測試資料，進行測試，計算 K 個測試績效的平均值。[8]

操作步驟

 下載 Titanic Training 資料，加入交叉驗證 **Cross Validation**，預設值 K = 10，抽樣類型為 automatic，於次流程 Training 加入 **Logistic Regression**，Testing 加入 **Apply Model** 與 **Performance**，完成連線。回主流程完成 **Cross Validation** 之模型 mod、測試結果 tes 與績效 per 之輸出連線。[9]

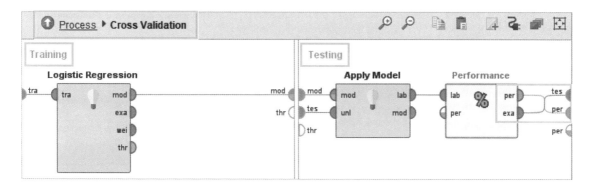

---

8 有別於 **Split Data** 僅評估一次預測的表現，交叉驗證 **Cross Validation** 是經由測試與訓練資料 K 次的更換，而取得 K 次預測績效的平均值，如此能更客觀的評估預測結果。交叉驗證抽樣類型 (sampling type) 有四種，linear_ sampling：將樣本在不改變順序下分割，建立連續樣本子集合、shuffled_ sampling：樣本子集合為隨機抽取、stratified_sampling：隨機抽取子集合，但在每一子集合內目標變數類別比例與整體樣本一致、automatic：如同 stratified_sampling，但當目標變數為非名目變數時自動改為 shuffled_sampling。

9 **Logistic Regression** 屬分類模型 (目標變數為類別)，估計係數代表機率，為正值時表示解釋變數增加會使目標變數為陽性 (乘客未存活) 的機率增加。統計上，當 P 值 < 10% / 5% / 1% 時，表示該變數達 10% / 5% / 1% 的顯著水準，參考 https://ithelp.ithome.com.tw/articles/10269006。

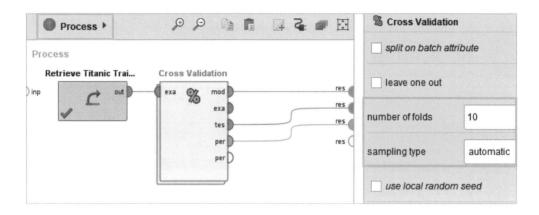

2　執行程式，檢視預測結果，PerformanceVector 顯示準確率為 79.04%、精確率為 81.70% 而召回率為 85.53%。

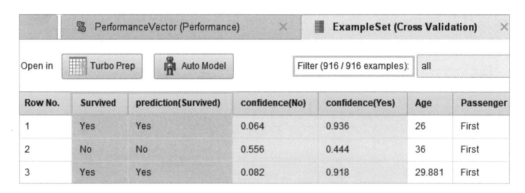

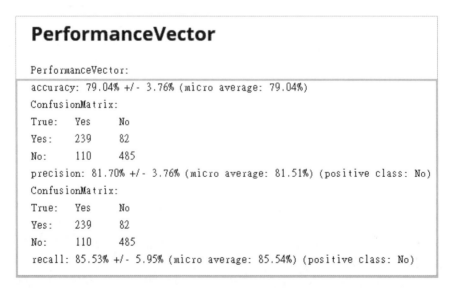

點選 Logistic Regression Model，顯示各變數對目標變數之影響情形。由於陽性為死亡 (positive class: No)，結果表示二等或三等艙乘客、男性、年紀愈長、同船兄弟姊妹或配偶人數愈多，都會增加死亡的機率，且都達 5% 顯著水準。

Attribute	Coefficient	Std. Coefficient	Std. Error	z-Value	p-Value
Passenger Class.Second	1.240	1.240	0.291	4.259	0.000
Passenger Class.Third	1.857	1.857	0.277	6.704	0.000
Sex.Male	2.701	2.701	0.188	14.346	0
Age	0.030	0.394	0.007	4.021	0.000
No of Siblings or Spouses on Board	0.241	0.244	0.108	2.237	0.025
No of Parents or Children on Board	0.129	0.111	0.115	1.125	0.260
Passenger Fare	-0.002	-0.100	0.002	-0.840	0.401
Intercept	-3.349	-2.353	0.412	-8.123	0.000

練習 3-4-1

如將 **Cross Validation** 中 number of folds 改為 4，並加入 Breakpoint After 於 **Perfromance**，先後點選 ▶ 與 ▶▶，檢視每次的測試樣本數與預測準確率為多少？

解答

 回到 Design，將 **Cross Validation** 樣本集分為 4 等分 (K = 4)，於次流程 **Performance** 按右鍵點選 Breakpoint After。執行程式，顯示測試樣本數為 229 (916/4) 個 (訓練樣本數為 687 (916–229) 個)，第一次的預測準確率為 78.60%(此時無 +/- 標準差)。

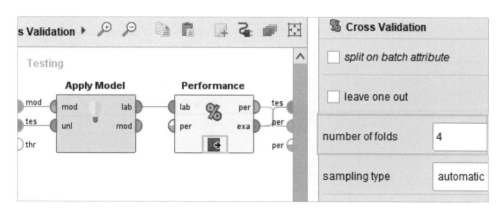

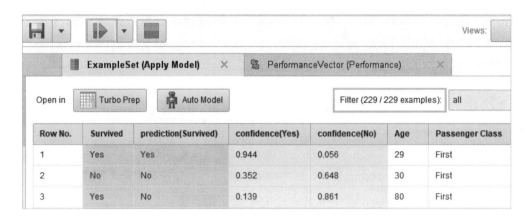

accuracy: 78.60%			
	true Yes	true No	class precision
pred. Yes	53	15	77.94%
pred. No	34	127	78.88%
class recall	60.92%	89.44%	

② 陸續點選 ▶ 4 次，每次測試樣本數皆為 229 個，經過 4 次的更換測試樣本，最後顯示全部樣本 (916) 的測試結果，而整體績效為 4 次績效的平均值，此時準確率為 78.82% +/- 標準差 0.84%。[10]

accuracy: 78.82% +/- 0.84% (micro average: 78.82%)			
	true Yes	true No	class precision
pred. Yes	239	84	73.99%
pred. No	110	483	81.45%
class recall	68.48%	85.19%	

---

10 可按 ■ 符號終止 Breakpoint After。

視覺化模型比較

❖ 目的

比較模型的 ROC 曲線 (Receiver Operating Characteristic Curve) 與 AUC (Area under the Curve) 值，選擇最佳預測模型。[11]

❖ 操作步驟

1 下載 Titanic Training 資料，加入 **Compare ROCs**，將 number of folds 設為 10，sampling type 選擇 automatic，roc bias 選擇 neutral，完成 exa 與 roc 連線。[12]

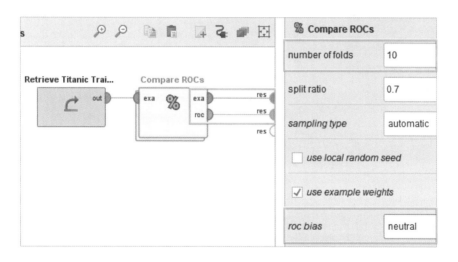

2 於次流程中加入 **Decision Tree** (將 maximal depth 設為 5)、**Naive Bayes** 與 **Rule Induction**，並予連線。

---

11 當模型使用不同的閾值 (threshold) 預測時，會有不同的偽陽性率 (FPR) 與真陽性率 (TPR)。將不同閾值的 FPR (橫軸值) 與 TPR (縱軸值) 標示在 ROC 平面，就形成模型的 ROC 曲線。ROC 曲線愈接近左上方 (0,1) 座標 (相同的 FPR 下有較高的 TPR)，表示模型的預測能力愈佳。有關 ROC 與 AUC 之說明，參考 https://zh.wikipedia.org/wiki/ROC%E6%9B%B2%E7%BA%BF

12 如同 **Cross Validation**，**Compare ROCs** 同樣是經由 K 次運算 (預設值為 10) 得到之平均值。

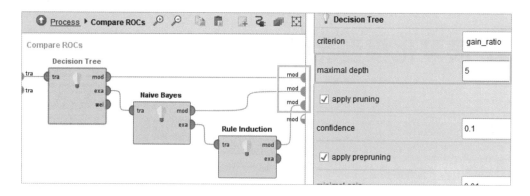

③ 執行程式，檢視三條 ROC 曲線，從最左上方往下分別為 **Naive Bayes**、**Rule Induction** 與 **Decision Tree**，顯示 **Naive Bayes** 為最佳之預測模型。

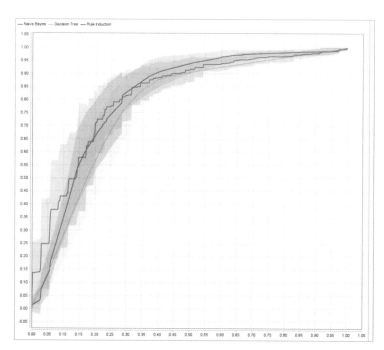

練習 3-5-1

ROC 曲線周邊的半透明區域代表何意義？

(解答)

由於 ROC 曲線顯示的座標值 (FPR- 橫軸、TPR- 縱軸) 是經過 K 次運算後之平均值，其半透明區域是代表平均值加減標準差的結果。

練習 3-5-2

ROC 曲線內的區域稱為 AUC (Area Under the Curve)，一個完美分類器預測模型的 AUC 為多少？如分類器只能進行隨機預測，其 AUC 值為多少？

解答

一個完美分類器預測模型的 AUC 為 1，此時 ROC 曲線為一通過左上端 (0,1) 座標的直角線。如隨機預測的分類器沒有任何預測能力，其 AUC 值為 0.5，此時 ROC 曲線為對角線。

練習 3-5-3

使用 **Cross Validation** 與 **Select Subprocess**，檢視 **Decision Tree**、**Rule Induction** 與 **Naive Bayes** 分別之 AUC 值為多少？

解答

1　停用 **Compare ROCs**，加入 **Cross Validation**，於次流程加入 **Select Subprocess** (select which 之預設值為 1)、**Apply Model** 與 **Performance**。

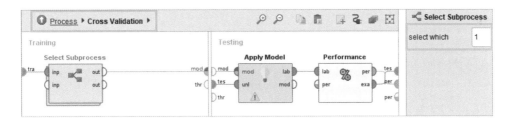

2　於 **Select Subprocess** 之次流程利用點選 - + 號，分別加入 **Decision Tree** (將 maximum depth 設為 5)、**Naive Bayes** 與 **Rule Induction** (勾選 use local random seed 並寫入任一數值如 1,000，以得到一致結果)。回主流程完成 **Cross Validation** 之 mod、tes 與 per 連線。[13]

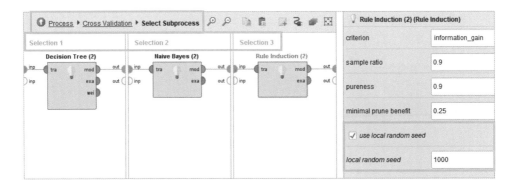

---

13 當使用 **Cross Validation** 時，**Rule Induction** 需要勾選 use local random seed 以固定樣本，否則由於是隨機抽樣，多次執行時可能產生不同的結果。

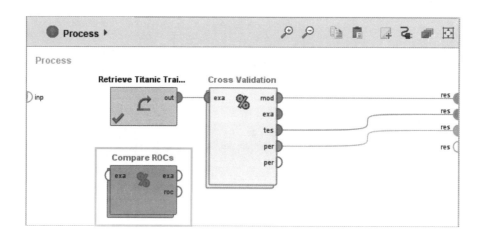

3 於 **Select Subprocess** 逐一更改 select which 由 1 至 3 後，執行程式，檢視其 AUC 值。結果顯示 **Decision Tree** 之 AUC 為 0.773、**Naïve Bayes** 為 0.816、**Rule Induction** 為 0.799，由於 **Naive Bayes** 有最大的 AUC 值，其為最佳的預測模型（與 ROC 曲線結果一致）。[14]

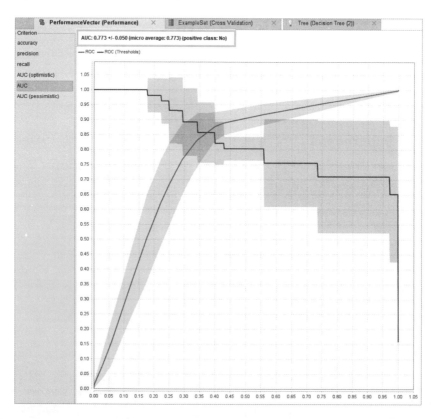

---

[14] 圖形中紅線部分為 ROC 曲線，而藍線則顯示從左至右遞減的閾值。不同閾值產生不同的（橫軸）偽陽性率與（縱軸）真陽性率組合，形成 ROC 曲線各點的座標。

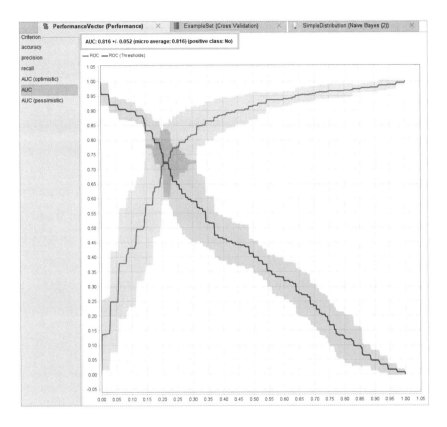

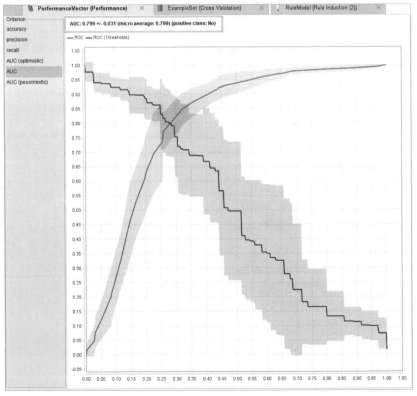

學習評量

1. 依據 3-2 節，如將 **Naïve Bayes** 改為 **Decision Tree**，將 maximum depth 設為 5，對第 1 個 unlabeled 樣本預測結果之 confidence (No) 為多少？ _0.815_ 依據 決策樹的 Description，女性中 No of Parents or Children on Board > 4.500 而存 活的有幾位？ _0_

2. 依據 3-3 節，如使用 Titanic 資料，將 Survived 設為目標變數 label，並分割樣本 數為 0.8 與 0.2。以隨機森林 **Random Forest** 取代 **Decision Tree**，此時準確率 Accuracy 為多少？ _97.33%_ 正確預測樣本數占比為多少？ _255/262_

3. 依據 3-4 節，如以 **Rule Induction**（勾選 use local random seed 以得到一致結 果）取代 **Logistic Regression**，並將 **Cross Validation** 之 number of folds 改 為 5，此時召回率 Recall 為多少？ _88.34%_ 如將陽性 positive class 設為 Yes， 此時 AUC 為多少？ _0.798_

4. 依據 3-4 節，如使用 Titanic 資料，將 Survived 設為目標變數 label，採用梯度提 升樹 **Gradient Boosted Trees (GBT)** 演算法，將 **Cross Validation** 之 number of folds 設為 10，此時 AUC 為多少？ _0.971_ 如將陽性 positive class 設為 Yes，此時錯誤預測 (wrong_predictions) 樣本數占比為多少？ _35/1309_

多元實例練習

本章涵蓋實例練習的第一部分，主題包含國人赴國外旅遊人數分析、台灣 50 的股票價格分群、參數最佳化及對交易對手信用違約預測、調整不平衡資料及對客戶流失預測、建置增益圖找出最可能流失的客戶群集中行銷、依據基地台號碼與座標位置找出距離最近的基地台、使用回歸模型預測二手車售價以及依據羅吉斯回歸模型最佳變數預測新生嬰兒體重是否過輕。

國外旅遊分析

❖ 目的

找出台灣在 2008-2015 年間，各年及累計對外旅遊人數最多的國家。

❖ 操作步驟

1 加入 Read Excel，於 Import Configuration Wizard 讀入 Taiwan tourists 資料，檢視 2008-2015 八年間，台灣依前往旅遊國家、性別與年齡層區分的旅遊人數，共計 18 個變數，21 個國家 168 個樣本。[1]

Row No.	YEAR	COUNTRY	01-12-M	01-12-F
1	2008	Hong Kong	61727	59370
2	2009	Hong Kong	48435	46686
3	2010	Hong Kong	54000	52228

Open in Turbo Prep / Auto Model / Filter (168 / 168 examples): all

2 加入 **Loop Values**，於 attribute 選擇「COUNTRY」，於次流程加入 **Filter Examples**，於 filters 分別輸入「COUNTRY、equals 與 %{loop_value}」，對國家名稱執行迴圈後輸出。

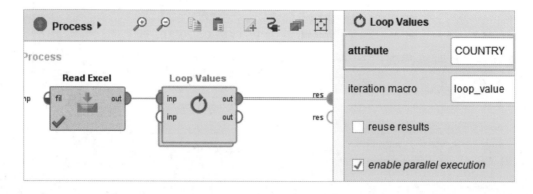

---

1 資料來源：政府資料開放平台 (https://data.gov.tw/)。其中變數 01-12-M 表示 1 到 12 歲的男性，01-12-F 表示 1 到 12 歲的女性。

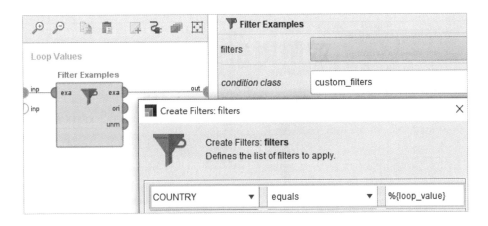

3 執行程式,檢視 21 個國家 (ExampleSet) 8 年的旅遊數據。

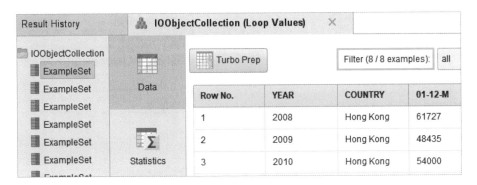

4 加入 **Set Role**,點選 Edit List,將 COUNTRY 設為「id」,YEAR 設為「metadata」。執行程式,檢視建立的 COUNTRY 與 YEAR 兩個特殊變數。[2]

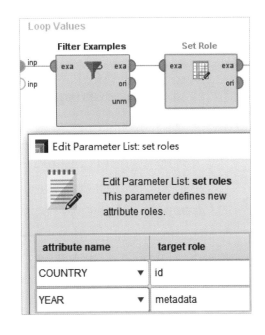

---

2 將 COUNTRY 與 YEAR 設為特殊變數,目的在執行程式時,該兩個變數可以維持不受影響。

Turbo Prep		Filter (8 / 8 examples):	all
Row No.	**COUNTRY**	**YEAR**	**01-12-M**
1	Hong Kong	2008	61727
2	Hong Kong	2009	48435
3	Hong Kong	2010	54000

5 加入 **Generate Aggregation**，在 attribute name 寫入「Total」，aggregation function 選擇「sum」。執行程式，檢視新增的每年總旅遊人數 Total。

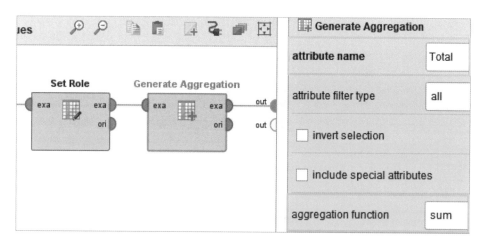

6 加入 **Integrate**，於 attribute name 選擇「Total」，取消勾選「overwirite attributes」，在 integration method 選擇「cumulative sum」。執行程式，檢視新增的逐年累計總和 Total_integrated。

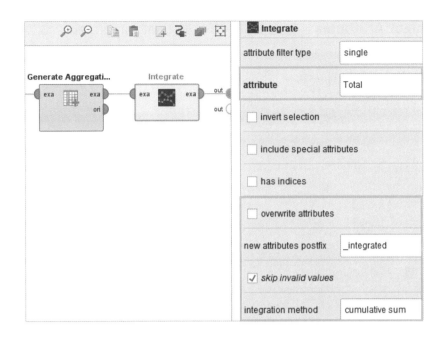

66-M	66-F	Total	Total_integrated
84580	44832	2851170	2851170
62315	35458	2261001	5112171
57709	36783	2308633	7420804

7 回主流程，加入 **Append**，再加入 **Filter Examples**，於 Add Filters 分別輸入「YEAR、= 與 2015」。[3]

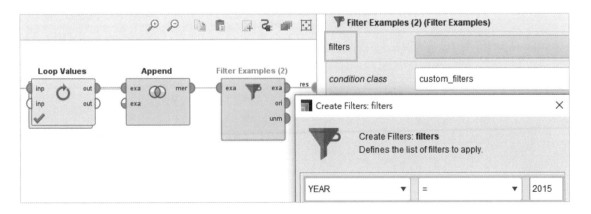

___

3 Total_integrated 在 2015 年為累計 2008-2015 之值。

8 加入 **Select Attributes**，點選 COUNTRY 與 Total_integrated 2 個變數並右移至 Selected Attributes，勾選「also apply to special attributes」。執行程式，檢視 8 年間赴各國旅遊累計人數。

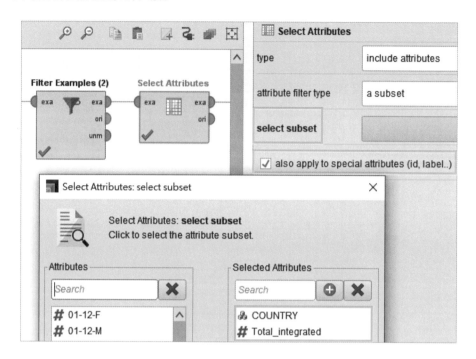

9 加入 **Rename**，將 Total_integrated 變數名稱改為「2008-2015 台灣赴外旅遊人數」，加入 Sort 選擇「2008-2015 台灣赴外旅遊人數」與 descending。執行程式，檢視台灣 2008-2015 年間，赴 21 國旅遊的總人數排序 (前三名依序為中國、香港與日本) 與 Visualization 顯示之直條圖。

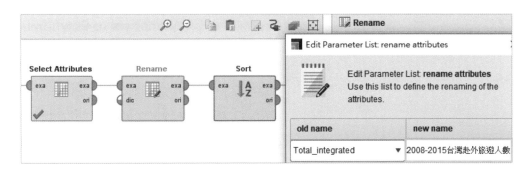

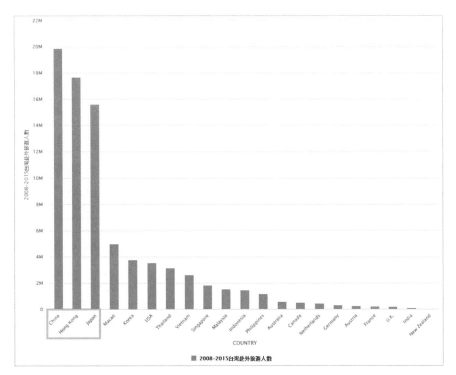

練習 4-1-1

找出台灣每年赴國外旅遊前三名的國家。

解答

1. 刪除 **Append** 後之運算式，在 **Read Excel** 後面加入 **Numerical to Polynominal**，選擇 YEAER，勾選「include special attributes」，將 YEAR 轉換為名目變數。在 **Loop Values** 的 attribute，以 YEAR 取代 COUNTRY。[4]

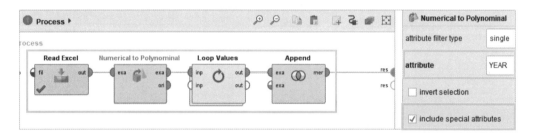

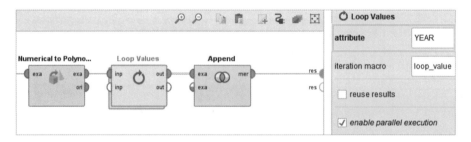

2. 在次流程刪除 **Integrate**，將 **Filter Examples** 之 COUNTRY 以 YEAR 取代。

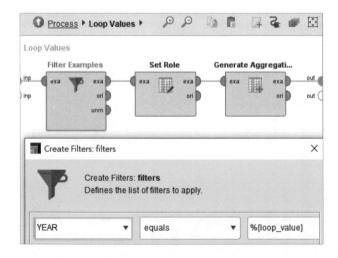

4　由於要對 YEAR 執行迴圈，其變數類型需為名目型態。

3 加入 **Select Attributes**，選擇「COUNTRY、Total 與 YEAR」這 3 個變數，勾選
「also apply to special attributes」。

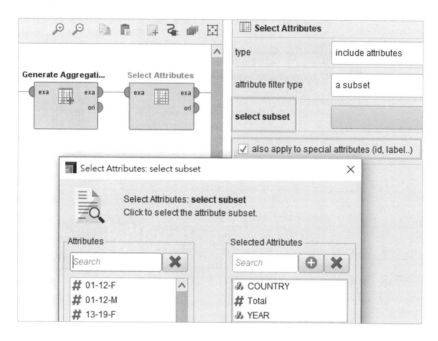

4 加入 Sort 對 Total 選擇 descending 排序，加入 **Rename** 將 Total 更名為「2008-
2015 台灣赴外旅遊人數」。

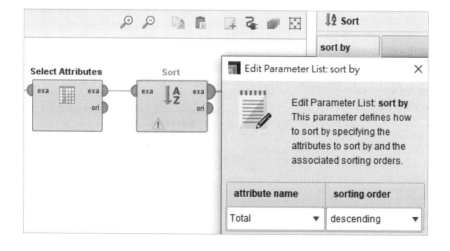

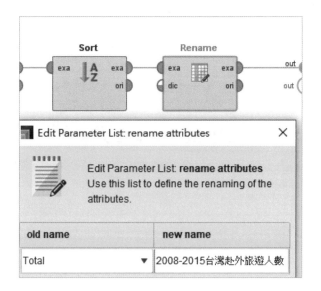

5 加入 **Filter Example Range** 選擇前三個最大數值。執行程式，檢視每年前往國外旅遊前三名的國家及人數 (合計 24 (3 * 8) 個樣本)。

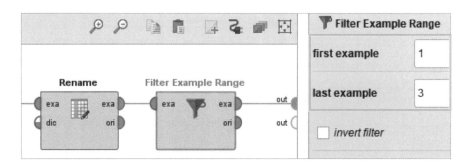

6 點選 Visualizations，於 Plot type 選擇「Bar (Column)」，橫軸 X-Axis 選擇「YEAR」，縱軸 Value Column 選擇「2008-2015 台灣赴外旅遊人數」，Color Group 選擇「COUNTRY」，Stacking 選擇「Stack values」，檢視 2008-2015 年間，每年前3 名旅遊國家與旅遊人數之直條圖。

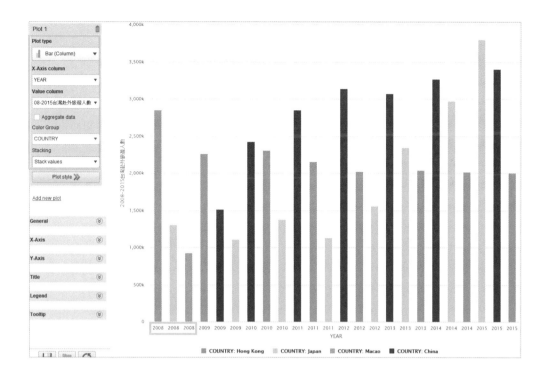

4-2 價格分群

❖ 目的

將台灣 50 股價標準化後,使用 **K-Means** 演算法進行價格分群 (Price Clustering),找出屬於同一群的公司股票。

❖ 操作步驟

1. 加入 **Read Excel**,讀取 TW 50 檔案,檢視 50 家上市公司 2012-01-02 至 2016-06-16,1,096 個股價樣本。

Row No.	Date	1101 台泥	1102 亞泥	1216 統一	1301 台塑
1	2016-06-16	32	25.600	64.300	78.700
2	2016-06-15	31.300	25.500	63.100	78.100

Open in ▦ Turbo Prep 🤖 Auto Model   Filter (1,096 / 1,096 examples): all

2 加入 **Set Role** 將 Date 設為 id，加入 **Normalize**，將各公司股價標準化，加入 Transpose，轉置資料使行列互換，以對橫軸 50 家公司分群，檢視結果。[5]

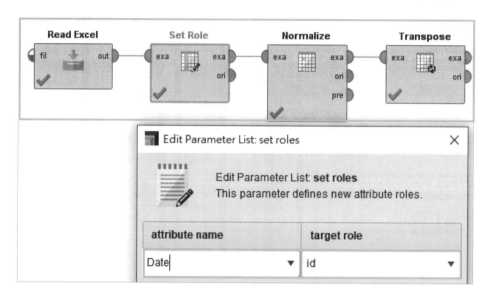

3 加入 **K-Means** (Clustering)，將分群數 K 設為「2」，在 measure types 選擇「NumericalMeasures」，在 numerical measure 選擇「DynamicTimeWarping Distance」，將兩個 clu (cluster model 與 clustered set) 分別連線至 res。[6]

---

5 使用標準化使各股票在相同條件 (平均數為零，標準差為 1) 下進行分群，避免過高或過低股價可能主導分群結果 (參考練習 1)。

6 **K-Means** 屬於非監督式學習，適用於數值型資料分群 https://jason-chen-1992.weebly.com/home/-k-means-clustering，https://pyecontech.com/2020/05/19/k-means_k-medoids/。**K-Means** 是將距離群中心值 (centroid) 最近的公司分為一群，一般距離是採用歐基里德距離，但在對時間序列分群時，動態時間校正距離 (DynamicTimeWarpingDistance) 是較佳的衡量距離方式，參考 https://towardsdatascience.com/how-to-apply-k-means-clustering-to-time-series-data-28d04a8f7da3，http://mirlab.org/jang/books/dcpr/dpDtw.asp?title=8-4%20Dynamic%20Time%20Warping&language=chinese。

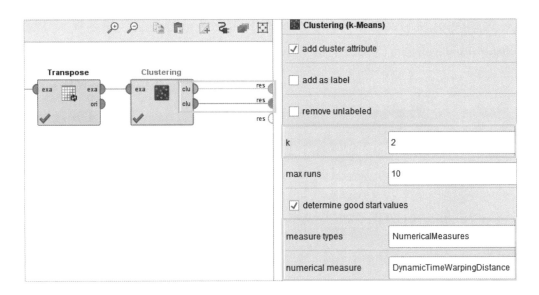

4 執行程式，檢視分群樣本集 ExampleSet 與分群模型 Cluster Model，顯示 50 家公司依標準化股價分為兩群 (Cluster 0 與 1)，分別有 31 及 19 家公司。

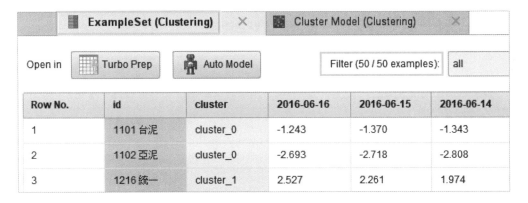

5 點選 Cluster Model 左側 Folder View，檢視兩個分群內之公司名稱，點選左側 Plot，可顯示兩個分群每日之群中心值 (centroid) 變化情形。

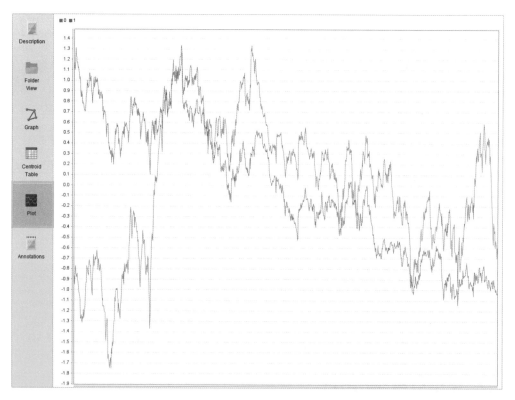

6 點選 Visualizations，於 Plot type 選擇「Parallel Coordinates」，圖形則顯示兩群公司之標準化股價變化情形 (資料天數需少於 100 天)，在此期間 (2016-5-25 至 2016-6-16) cluster_0 公司的標準化股價普遍較 cluster_1 為低。

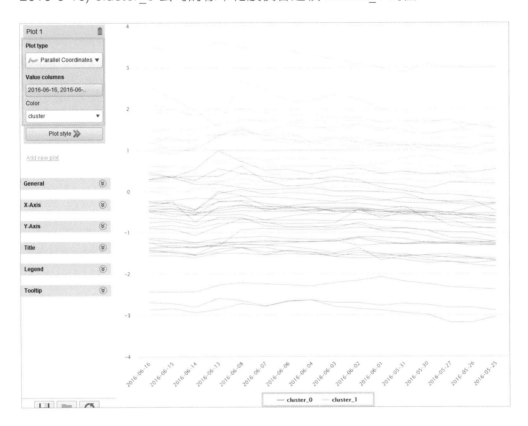

練習 4-2-1

如不採用標準化 (Normalize) 股價，分群結果會如何？

解答

停用 **Normalize**，不採用標準化，分群結果會產生大立光公司 (股價遠高於其他公司) 為獨立一群，其餘 49 家公司為一群的現象。

練習 4-2-2

根據絕對值最低之 Davies-Bouldin index，最佳分群數 k 值為多少？[7]

解答

重新啟用 **Normalize**，加入 **Cluster Distance Performance**，將 **Clustering** 之 K 值設定由 2 至 4，分別執行程式。PerformnaceVector 顯示 Davies-Bouldin index 值分別為 -1.748、-1.626 與 -2.118，最小絕對值顯示最佳分群數量為 3 群。

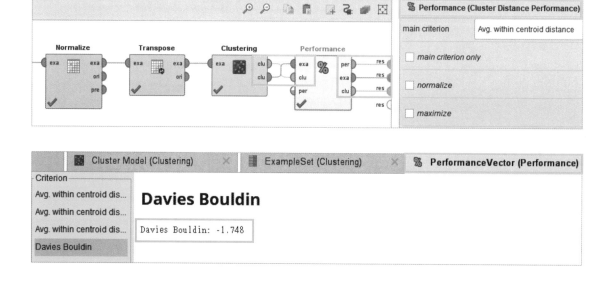

練習 4-2-3

檢視台塑 4 寶 (台塑、南亞、台化與台塑化) 的分群結果如何？

解答

於 **Clustering** 設定 K = 3，刪除 **Cluster Distance Performance**，加入 **Filter Examples** 完成以下 id 設定，勾選「Match any」。ExampleSet 顯示除南亞公司為 cluster_2 外，其他 3 家公司均屬於 cluster_1。

7　Davies-Bouldin 指數是一種評估分群數量的指標，指 絕對值越低，顯示該分群愈理想，參考 https://www.neusncp.com/user/blog?id=500。

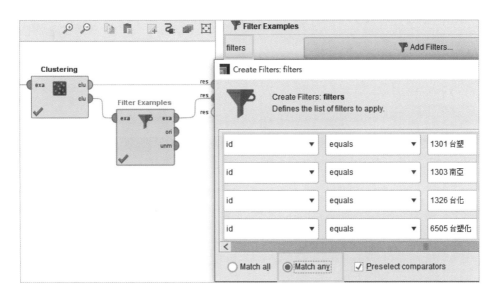

Row No.	id	cluster	2016-06-16	2016-06-15	2016-06-14
1	1301 台塑	cluster_1	0.467	0.341	0.529
2	1303 南亞	cluster_2	-0.419	-0.419	-0.470
3	1326 台化	cluster_1	1.208	1.004	1.004
4	6505 台塑化	cluster_1	0.978	0.905	1.050

4-3 信用違約與參數最佳化

❖ 目的

以 **Optimize Parameters (Grid)** 將 **Decision Tree** 模型的參數最佳化,並以之預測
交易對手是否會信用違約。

❖ 操作步驟

 從「Samples → Templates → Credit Risk Modeling」拖曳 Counterparty Risk 資
料至流程,檢視 424 家交易對手公司是否信用違約 (Default) 與其各項財務資料。

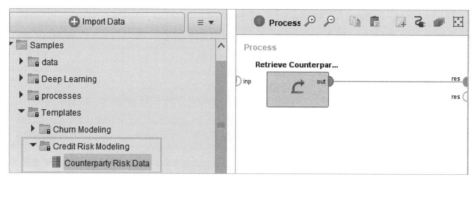

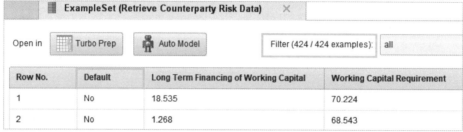

2 點選 Statistics，檢視 20 個變數中，Default 有 34 個遺漏值。

3 加入 **Filter Examples**，在 condition class 選擇「no missing attributes」，加入 **Set Role**，將 Default 設為目標變數 (label)，檢視 390 個無遺漏值樣本。

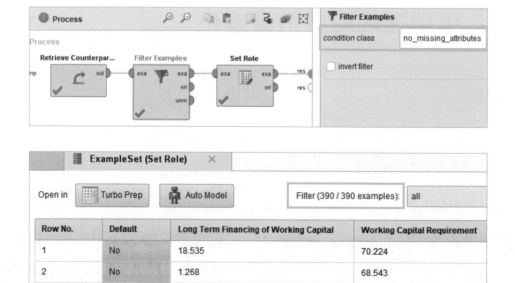

4 加入 **Cross-Validation**，勾選「use local random seed」以取得一致結果，於次流程 Training 加入 **Decision Tree**，於 Testing 加入 **Apply Model** 與 **Performance (Binominal Classification)**，勾選「accuracy、AUC、precision、recall 與 f measure」。執行程式，顯示 accuracy 為 93.33%、AUC 為 0.858、precision 為 89.81%、recall 為 84.56% 與 f measure 為 86.54%。

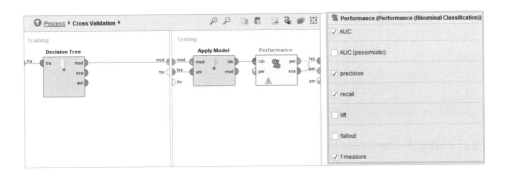

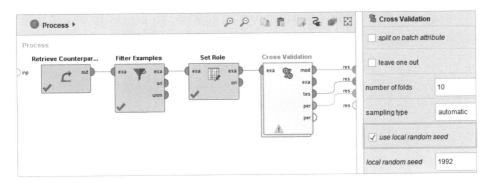

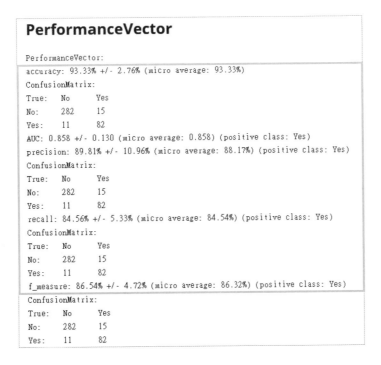

PerformanceVector

```
PerformanceVector:
accuracy: 93.33% +/- 2.76% (micro average: 93.33%)
ConfusionMatrix:
True:    No      Yes
No:      282     15
Yes:     11      82
AUC: 0.858 +/- 0.130 (micro average: 0.858) (positive class: Yes)
precision: 89.81% +/- 10.96% (micro average: 88.17%) (positive class: Yes)
ConfusionMatrix:
True:    No      Yes
No:      282     15
Yes:     11      82
recall: 84.56% +/- 5.33% (micro average: 84.54%) (positive class: Yes)
ConfusionMatrix:
True:    No      Yes
No:      282     15
Yes:     11      82
f_measure: 86.54% +/- 4.72% (micro average: 86.32%) (positive class: Yes)
ConfusionMatrix:
True:    No      Yes
No:      282     15
Yes:     11      82
```

5 回主流程，加入 **Optimize Parameters (Grid)**，將 **Cross-Validation** 剪下貼入於次流程，完成連線。

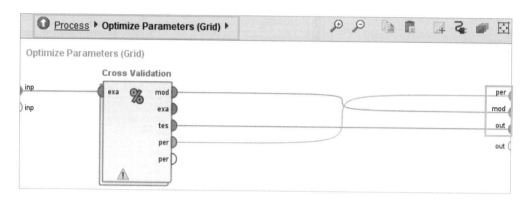

6 於 **Optimize Parameters (Grid)** 點選「log all criteria」記錄所有指標，於 Edit Parameter Settings 內 Operators 點選「Decision Tree」，於 Parameters 點選「criterion（指標）、max depth、pruning（修枝）與 prepruning（事前修枝）」，並右移至 Selected Parameters 中。將 criterion 中 least square 向左移除，將 max depth 設為「min = 1、max = 10、Steps = 10」。[8]

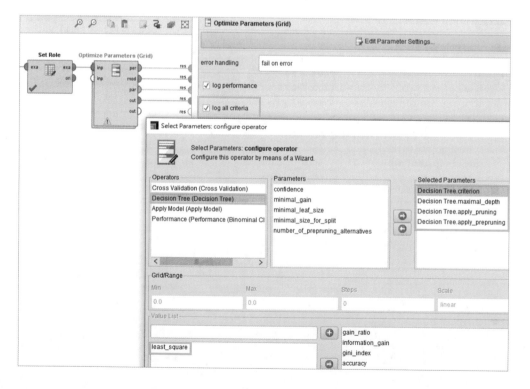

8　Least square 僅適用於回歸樹（目標變數為數值時），不適用此例的分類模型。Steps 是指在選擇大小範圍內的檢查次數。

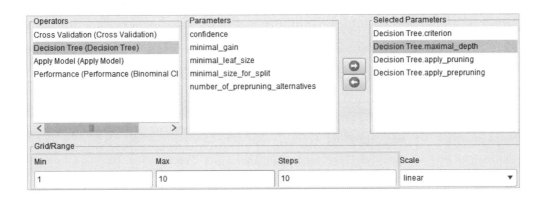

7. 執 行 程 式 後，PerformanceVector 顯 示 accuracy 為 94.87%、AUC 為 0.749、
precision 為 95.07%、recall 為 84.67% 與 f_measure 為 89.07%，在參數最佳化
後，績效多有所增加。

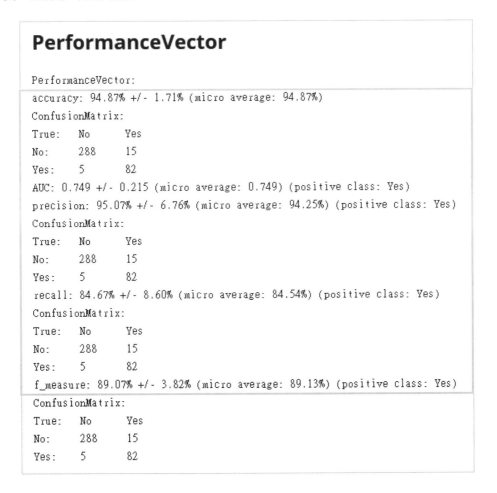

8 點選 ParameterSet (Optimize Parameters (Grid))，顯示最佳參數分別是 criterion 為 accuracy、max depth 為 4、apply pruning 為 false、apply prepruning 為 false。點選 Tree (Decision Tree) 可顯示最佳決策樹圖形。

```
Decision Tree.criterion = accuracy
Decision Tree.maximal_depth    = 4
Decision Tree.apply_pruning    = false
Decision Tree.apply_prepruning = false
```

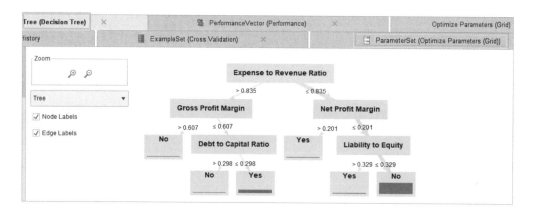

練習 4-3-1

將所有的最佳參數資料另行儲存。

解答

加入 **Log to Data**，可將在 **Optimize Parameters (Grid)** 內所有指標與績效的 log 記錄轉換為樣本 (example)，加入 **Write Excel** 執行程式，將記錄儲存至 Excel 檔。

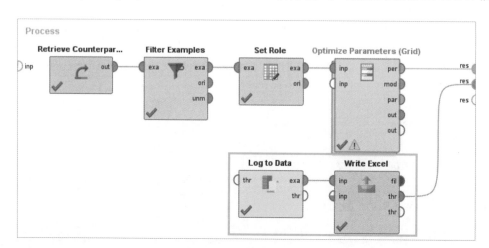

練習 4-3-2

以訓練出之最佳決策樹模型，預測信用違約為遺漏值的 34 家公司是否會違約。

解答

停用 **Log to Data** 與 **Write Excel**，加入 **Apply Model**，連線 unm (unmatched 為 34 個遺漏值樣本)、unl 及 mod。執行程式，檢視 34 個遺漏值公司是否會違約的預測結果。

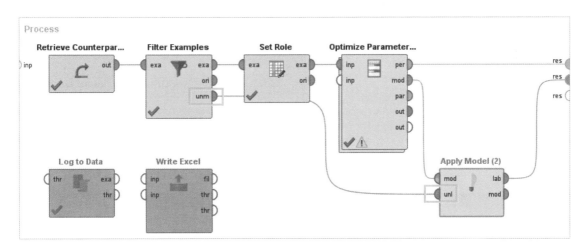

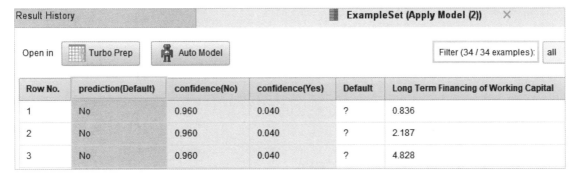

Row No.	prediction(Default)	confidence(No)	confidence(Yes)	Default	Long Term Financing of Working Capital
1	No	0.960	0.040	?	0.836
2	No	0.960	0.040	?	2.187
3	No	0.960	0.040	?	4.828

4-4 客戶流失與資料不平衡

❖ 目的

將不平衡 (imbalance) 客戶流失資料調整後進行預測。

❖ 操作步驟

1️⃣ 於「Samples → Templates → Churn Modeling」下載 Customer Data 資料。檢視科技類型 (Technology)、客戶年齡 (Age)、客戶啟始時間 (Customer Since)、去年客服電話次數 (Support Calls Last Year)、平均帳單金額 (Average Bill) 以及流失指標 (Churn Indicator) 共 6 個一般變數，9,990 個樣本。

☰ ExampleSet (Retrieve Customer Data) ✕						
Open in 🔲 Turbo Prep 🤖 Auto Model				Filter (9,990 / 9,990 examples):	all	
Row No.	**Technology**	**Age**	**CustomerSince**	**SupportCallsLastYear**	**AverageBill**	**ChurnIndicator**
1	4G	1	Jun 6, 2013 10:27:1...	1	71	0.013
2	phone	46	Oct 5, 2011 10:27:1...	0	88	0.006

2️⃣ 加入 **Set Role** 將 churn indicator 設為 label，執行程式，Statistics 顯示 Churnindicator 最小值為 0，最大值為 1.186。

☰ ExampleSet (Set Role) ✕					
Name	⊢ ⊣	Type	Missing	Filter (6 / 6 attributes):	Search for Attributes
∨ Label **ChurnIndicator**		Real	0	Min 0	Max 1.186
∨ **Technology**		Nominal	0	Least landline (1665)	Most 4G (3342)

3️⃣ 加入 **Numerical to Binominal**，將 ChurnIndicator 轉換成雙元名目變數，勾選「include special attributes」，於 max 輸入「0.5」。執行程式，於 Statistics 檢

視 churn indicator 的 Details，顯示 true 有 21 個，false 有 9,969 個，客戶流失比率僅約 0.2%。[9]

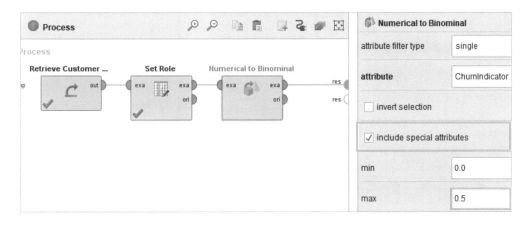

4 加入 **Cross-Validation**，於次流程 training 加入 **Random Forest**，testing 加入 **Apply Model** 與 **Performance (Binominal Classification)**，點選「accuracy、kappa、AUC、precision 與 recall」。[10] 檢視 accuracy 高達 99.84%，kappa = 0.366，AUC = 0.998，precision = 77.78%，recall = 31.67%。由於偏低的 kappa 與 recall 等指標，顯示存在資料不平衡問題。[11]

---

9 在 min 與 max 之間的數值將會轉換為 false，其它則轉換為 true，也就是當 Churnindicator 大於 0.5 時，客戶將會流失 (true)，反之則不會 (false)。

10 隨機森林 (Random forest) 是由多棵決策樹所組成，其優點為比較不容易有過度擬合問題，且多能提升預測能力，參考 https://ithelp.ithome.com.tw/m/articles/10272586。

11 在不平衡資料 accuracy(99.84%) 會高估模型的預測能力，需檢視 recall 與 kappa 等指標。由於 PerformanceVector 中混淆矩陣顯示 21 位流失客戶 (true) 中只有 7 位能被模型正確預測，表示模型無法有效的找出可能流失的客戶，參考 https://www.796t.com/content/1544429524.htm，機器學習 \ 統計方法：模型評估 - 驗證指標 (validation index)。

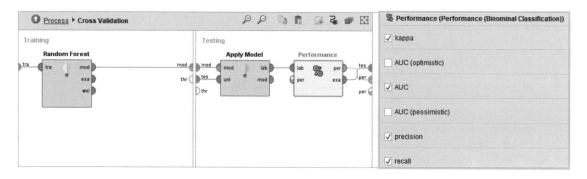

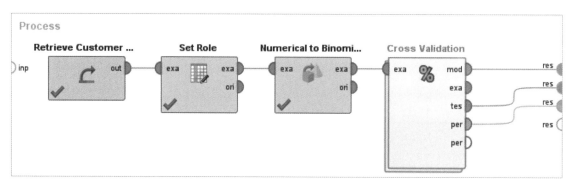

PerformanceVector

PerformanceVector:

accuracy: 99.84% +/- 0.08% (micro average: 99.84%)

ConfusionMatrix:

True:	false	true
false:	9967	14
true:	2	7

kappa: 0.366 +/- 0.399 (micro average: 0.466)

ConfusionMatrix:

True:	false	true
false:	9967	14
true:	2	7

AUC: 0.998 +/- 0.003 (micro average: 0.998) (positive class: true)

precision: 77.78% (positive class: true)

ConfusionMatrix:

True:	false	true
false:	9967	14
true:	2	7

recall: 31.67% +/- 36.39% (micro average: 33.33%) (positive class: true)

5 將 **Random Forest**，改為 **Deep Learning**（深度學習），勾選「reproudcible
(use 1 thread)」。執行程式，此時 accuracy = 99.84%、kappa = 0.646、AUC
= 0.998、precision = 71.67%、recall = 65.00%。顯示此例使用深度學習時，
kappa 與 recall 明顯增加，改善資料不平衡問題。[12]

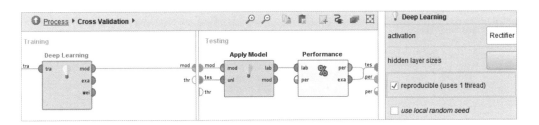

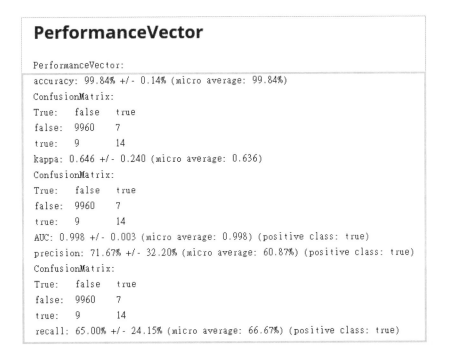

練習 4-4-1

延續 **Deep Learning** 模型，以 **Sample**（將 true 與 false 的樣本數調整相同）、**SMOTE
upsampling** 以及 **Generate Weight (Stratification)** 三種方式，進一步處理資料不
平衡問題，比較各種方式之預測績效。

---

12 深度學習是將資料透過多個處理層 (layer) 中的線性或非線性轉換 (linear or non-linear transform)，自動
抽取出足以代表資料特性的特徵 (feature)，它可以形容成是一種「比較深」的類神經網路，參考 https://
www.cc.ntu.edu.tw/chinese/epaper/0038/20160920_3805.html。勾選 reproudcible(use 1 thread) 可以避
免多次執行深度學習可能產生不同的結果。

解答

1️⃣ 加入 **Sample** 於次流程 **Deep Learning** 前，勾選「balance date」，將訓練樣本數調降為 true 與 false 各 19 個 (下採樣 undersampling)。執行程式，檢視各績效指標 (詳如彙整表)。[13]

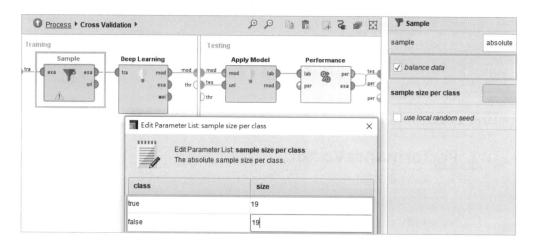

2️⃣ 以 **SMOTE upsampling** 取代 **Sample**，執行程式，檢視各績效指標 (詳如彙整表)。其中訓練資料樣本數增加至 17,944 個，true 與 false 各 8,972 個。[14]

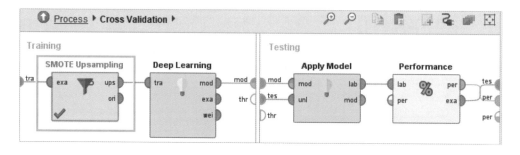

---

13 處理資料不平衡時，僅能對訓練資料進行調整 (測試資料維持不變)，所以將 **Sample** 加於 Training 內，Google 查詢 SMOTE + ENN：解決數據不平衡建模的採樣方法。由於 **Cross Validation** 之訓練資料占 90%，21 個 true 樣本的 90% 為 19，因此 true 與 false 各抽取 19 個使數量一致。

14 所有樣本 9,990 之 90% 為訓練樣本數 8,991，扣除 19 個 true 樣本後，剩下 8,972 個 false 樣本。**SMOTE upsampling** 擴增 true 樣本使兩者數量一致，合計訓練樣本數擴大為 17,944 個 (8,972 * 2)。可勾選 Breakpoint After，於 Statistics 檢視訓練資料 true 與 false 的數量。

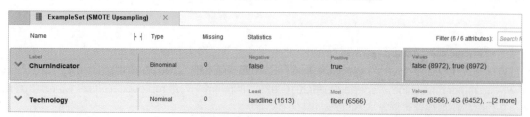

3 以 **Generate Weight (Stratification)** 取代 **SMOTE upsampling**，設定 total weight（總權重和）為 8,991。執行程式，檢視各績效指標（詳如彙整表）。[15] 此方式經由調整訓練資料權重（增加小樣本 true 權重，減少大樣本 false 權重），使 true 與 false 分別之權重和相同。[16]

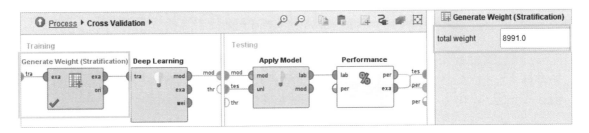

---

[15] 由於訓練樣本數共 8,991 個，因此設定總權重和為 8,991。有些演算法不適用以 **Generate Weight (Stratification)** 調整訓練資料權重，在運算式按右鍵，點選 Show Operator Info(或直接按 F1)，可看到該運算式處裡的能力 (Capabilities) 範圍，下圖顯示 **Deep Learning** 可以處理加權樣本 (weighted examples)。

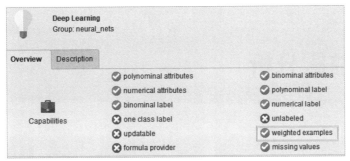

[16] 於 **Generate Weight (Stratification)** 勾選「Breakpoint After」，可檢視 8,991 個訓練資料中，true 的權重為 236.605，false 為 0.501。依據訓練資料 true 與 false 的數量，true 樣本權重和 236.605 * 19 相當接近 false 樣本權重和 0.501 * 8,972。

4 將 3 種資料不平衡處理方式預測客戶流失的績效彙整如下表，其中 **Generate Weight (Stratification)** 為 3 種方式中最佳，kappa 與 recall 都達 80% 以上。

各種調整不平衡資料方式預測績效比較

調整方式	訓練樣本數	Accuracy，kappa，AUC，precision，recall
不調整	8,991	Accuracy 99.84%，kappa 0.646，AUC 0.998，precision 71.57%，recall 65.00%
縮減樣本 true = false = 19	38 (19*2)	Accuracy 95.47%，kappa 0.147，AUC 0.990，precision 8.99%，recall 95.00%
SMOTE upsampling	17,944 (8,972*2)	Accuracy 99.68%，kappa 0.583，AUC = 1.000，precision 47.05%，recall = 90.00%
Generate Weight	8,991	Accuracy99.95%，kappa 0.846，AUC 1.000，precision 96.67%，recall 80.00%

4-5 增益圖分析

✤ 目的

建置增益圖 (Lift Chart)，依照預測信心排序，找出最可能流失的客戶群。

✤ 操作步驟

1 加入 **Read Excel** 下載 customer churn (顧客流失) 資料。檢視顧客編號 (customerID)、流失至競爭對手 (lostToCompetitors)、性別、年齡、地區、總涵蓋 (totalCoverage) 與顧客活動 (customerActivity) 7 個一般變數，共 9,999 筆樣本資料，加入 **Set Role** 將 customerID 與 lostToCompetitors 分別設為「id 與 label」。

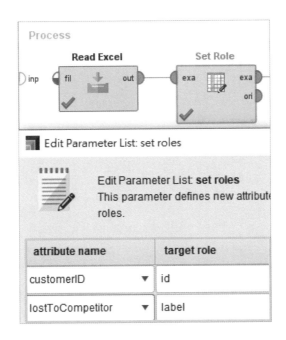

2 加入 **Cross Validation**，於次流程加入 **Naive Bayes**、**Apply Model** 與 **Performance (Binominal Classification)**，勾選「accuracy、kappa 與 AUC」。檢視預測 accuracy 達 95.64%，kappa 為 0.765，AUC 為 0.959，其中顧客流失為陽性。

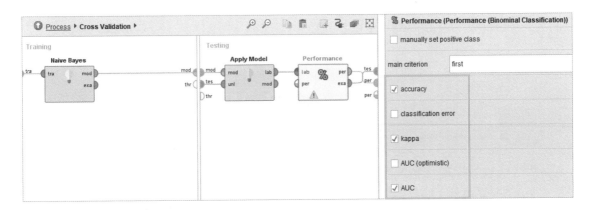

PerformanceVector

```
PerformanceVector:
accuracy: 95.64% +/- 0.78% (micro average: 95.64%)
ConfusionMatrix:
True:      no        yes
no:        8752      157
yes:       279       811
kappa: 0.765 +/- 0.035 (micro average: 0.764)
ConfusionMatrix:
True:      no        yes
no:        8752      157
yes:       279       811
AUC: 0.959 +/- 0.011 (micro average: 0.959) (positive class: yes)
```

③ 檢視模型對顧客是否流失的預測 prediction (lostToCompetitors)，點選 Statistics 顯示 9,999 個樣本中實際流失 968 位客戶，預測流失 1,090 位。[17]

---

17 如需檢視 confidence(yes) 有更多小數點位數 (原設定為 3 位)，可以 **Format Numbers** 完成以下設定，將小數點由原 3 位增加為 4 位數。檢視第二行的 confidence(yes) 由 0.000 變為 0.0001。

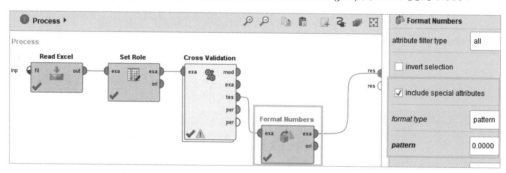

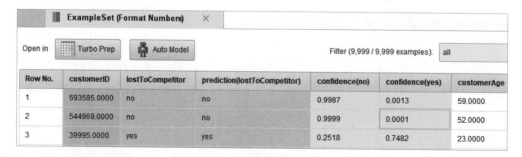

Row No.	customerID	lostToCompetitor	prediction(lostToCompetitor)	confidence(no)	confidence(yes)	customerAge
1	693585.0000	no	no	0.9987	0.0013	59.0000
2	544969.0000	no	no	0.9999	0.0001	52.0000
3	39995.0000	yes	yes	0.2518	0.7482	23.0000

Row No.	customerID	lostToCompetitor	prediction(lostToCompetitor)	confidence(no)	confidence(yes)	customerGender	customerAge
1	693585	no	no	0.999	0.001	M	59
2	544969	no	no	1.000	0.000	F	52
3	39995	yes	yes	0.252	0.748	M	23

Open in: Turbo Prep / Auto Model — Filter (9,999 / 9,999 examples): all

Name	├─┤	Type	Missing	Statistics		Filter (10 / 10 attributes): Search for Attributes
Id **customerID**		Integer	0	Min 342	Max 999900	Average 500549.474
Label **lostToCompetitor**		Polynominal	0	Least yes (968)	Most no (9031)	Values no (9031), yes (968)
Prediction **prediction(lostToCompetitor)**		Polynominal	0	Least yes (1090)	Most no (8909)	Values no (8909), yes (1090)

4 加入 **Create Lift Chart**，完成 mod 與 exa 連線，在 target class 寫入「yes」，勾選「show cumulative labels」，設定 number of bins (分箱數) 為「10」，執行程式。

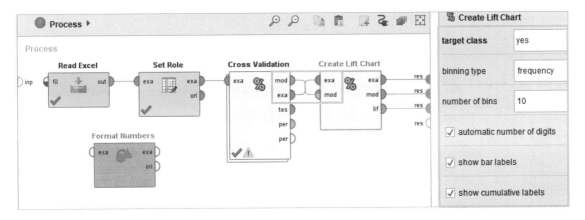

5 點選 Lift Chart (Create Lift Chart) 檢視增益圖，橫軸 (Confidence for yes) 顯示將 confidence (yes) 由大至小分為 10 等份 (每份 1,000 位，最後一份 999 位客戶)，縱軸 (count) 則顯示每 1,000 位客戶中實際發生流失 (lostToCompetitor) 的數量，折線圖為累積數量。[18]

18 如第一等分 confidence(yes) 是介於 0.544 與 ∞ 之間，由於皆超過閾值 0.5，預測此 1,000 位客戶都會流失。第一個直條圖 790/1000 表示該 1,000 位客戶中實際流失 790 位客戶，折線圖中最後一點 968/9990，反映總累積實際流失客戶數為 968 位。

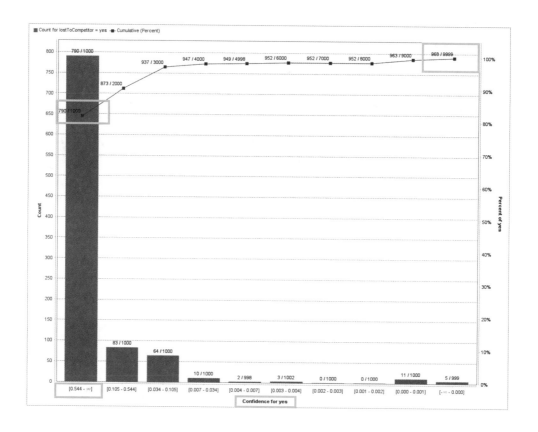

練習 4-5-1

為節約經費，如只針對最有可能流失的 30% 客戶進行推廣行銷，是否能有效的避免客戶流失？

解答

增益圖顯示 confidence (yes) 最高的 30% 客戶實際流失數量為 937 位，佔所有流失人數約 97% (937/968)。針對這 30% 客戶加強推廣行銷，如能成功，即可有效達到減少客戶流失的效果。

4-6 # 以 KNN 模型尋找最近基地台

❖ 目的

依據基地台號碼與座標位置,利用 K-NN (K-nearest-neighbor) 模型,找出離顧客距離
最近的基地台。[19]

❖ 操作步驟

1. 由「Samples → Templates → Geographic Distances」下載 Antenna locations
   資料,檢視 9,000 筆基地台號碼 (Cellid)、X 座標 (CoordinateX) 與 Y 座標
   (CoordinateY) 等資料。加入 **Select Attributes** 選擇「Cellid、CoordinateX 與
   CoordinateY」,加入 **Set Role**,選擇 Cellid 為「label」。

ExampleSet (Retrieve Antenna locations) ✕

Open in [Turbo Prep] [Auto Model]　　　Filter (9,000 / 9,000 examples): all

Row No.	Cellid	CoordinateX	CoordinateY	Date	Frequency	Theorerical...	CellID
1	5646	618757	5673812	Dec 2, 2015 ...	1353	-86.780	538
2	617	620742	5666668	Nov 29, 2015 ...	1456	-92.070	5
3	2405	616790	5653130	Nov 29, 2015 ...	1231	-93.430	209

ExampleSet (Set Role) ✕

Open in [Turbo Prep] [Auto Model]　　Filter (9,000 / 9,000 examples):

Row No.	Cellid	CoordinateX	CoordinateY
1	5646	618757	5673812
2	617	620742	5666668

---

19 KNN 屬於監督式學習演算法,可用於分類與迴歸模型。在分類模型中採多數決標準,利用 k 個最近的
鄰居來判定新的資料是在哪一群。在迴歸模型中,輸出的結果是一個連續性數值,其預測值是 k 個最
近鄰居的平均值,參考 https://ithelp.ithome.com.tw/articles/10269826。

2 加入 **K-NN**，選擇「K = 1」，取消勾選「weighted vote」，於 measure types 選擇「MixedMeasures」，於 mixed measure 選擇「MixedEuclidianDistance」。[20]

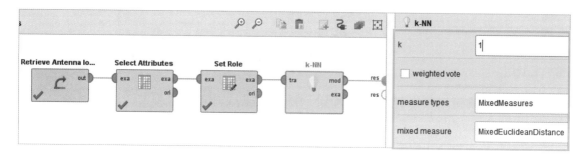

3 下載 Client locations 資料，檢視 10 位顧客所在之 X 與 Y 座標。

Row No.	id	CoordinateX	CoordinateY
1	1	611814	5636166
2	2	595066	5627691

4 加入 **Apply Model** 將 unl 與 Client locations 資料之 out 連線，執行程式，檢視 10 位顧客所在的最近基地台位置 prediction (Cellid)。[21]

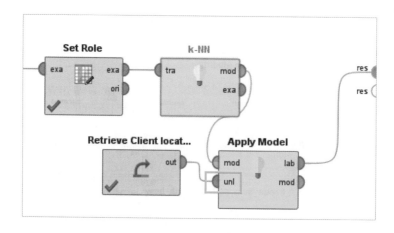

20 選擇 MixedMeasures，如為數值 (numerical values)，將計算歐基里德距離，如為名目 (nomimal values)，則內容相同時距離為 0，反之則為 1。當 K > 1 時可勾選 weighted vote，賦予較近的鄰居更高的權重。

21 找出與新座標距離最近的原始座標，再依據此原始座標對應基地台號碼。

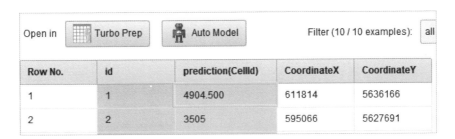

練習 4-6-1

如將 K 設為 2，最近基地台預測結果為何？是否合理？

解答

將 K 改為 2，檢視基地台預測碼 (Cellid) 與先前預測不同且可能為非整數。由於本例是數字型變數，當 K = 2，K-NN 目標變數預測值是 2 個最近鄰居的平均或加權平均值 (當勾選 weighted vote 時)，非顯示最近的基地台號碼。

Row No.	id	prediction(Cellid)	CoordinateX	CoordinateY
1	1	4904.500	611814	5636166
2	2	3505	595066	5627691

4-7 迴歸模型與二手車售價（1）

✥ 目的

利用線性迴歸 (Linear Regression) 與回歸樹，分析及預測二手車售價。[22]

---

22 有關線性迴歸與迴歸樹模型參考 https://brohrer.mcknote.com/zh-Hant/how_machine_learning_works/how_linear_regression_works.html 與 https://ithelp.ithome.com.tw/articles/10247440。

❖ 操作步驟

1 以 **Read Excel** 之 Import Configuration Wizard 下載 ToyotaCorolla 資料，檢視 1,436 筆 Toyota Corolla 二手車之車型 (Model)、售價 (Price)、車齡 (Age_08_04) 等 39 個變數資料。

Row No.	Id	Model	Price	Age_08_04	Mfg_Month
1	1	TOYOTA Cor...	13500	23	10
2	2	TOYOTA Cor...	13750	23	10
3	3	□OYOTA Cor...	13950	24	9

Open in [Turbo Prep] [Auto Model] Filter (1,436 / 1,436 examples): all

2 加入 **Select Attributes**，選擇車齡 (Age_08_04)、是否為自排 (Automatic)、燃油種類 (Fuel_Type)、公里數 (KM) 與 Price 5 個變數。由 Statistics 檢視僅 Fuel_Type 為名目變數，其 Details 顯示 3 種燃油車 (柴油 Diesel、汽油 Petro 與天然氣 CNG) 之數量與所占比率，其中 CNG 為最少。

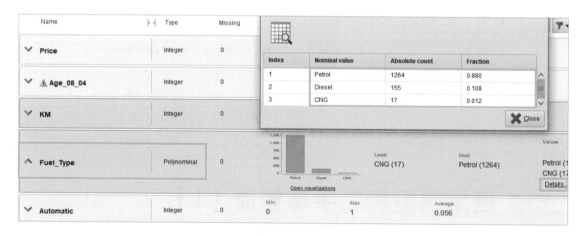

3 加入 **Set Role**，選擇 Price 為「label」，加入 **Nominal to Numerical**，將 Fuel_Type 由名目轉變為數字類型，於 coding type 選擇「dummy coding」，勾選「use underscore in name」。檢視 3 種 Fuel_Type 被轉換為 3 個由 0 與 1 組成的數字型虛擬 (dummy) 變數。[23]

---

23 使用迴歸分析時，名目變數需轉換為數值變數，虛擬變數為 1 時是指該車使用這類型燃油。

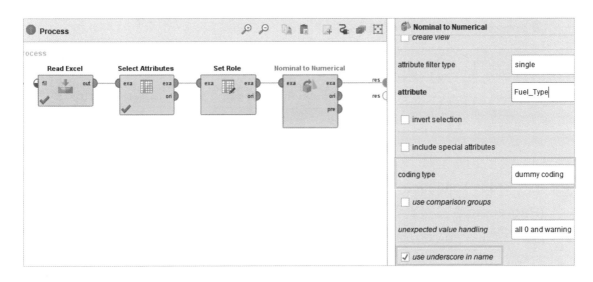

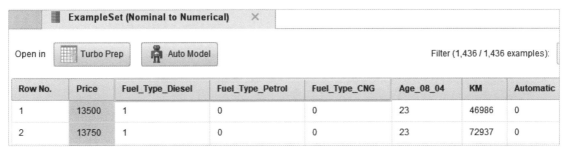

4 加入 **Select Attributes**，於 type 使用 exclude attributes，刪除數量最少的天然氣燃油變數 Fuel_Type_CNG，檢視結果。[24]

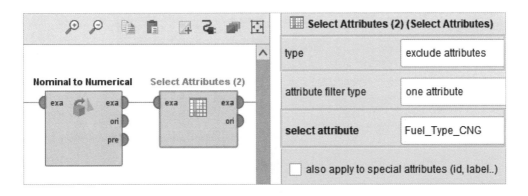

---

24 如已勾選 Synchronize Meta Data with Real Date 功能，但新建變數 Fuel_Type_CNG 沒有出現，建議可更換一新的 **Select Attributes** (以刪除舊的記憶) 並以原設定 (attribute filter type 為 all) 執行程式。確定 Meta Data 與 Real Data 同步後，再選擇所需變數，如仍無出現新建變數，則需直接輸入該變數名稱。當線性迴歸包含常數項時，為避免線性重合問題，解釋變數中最多可包含 K-1 個虛擬變數，其中 K 為所有類別數 (此例為 3 類燃油)，參考 https://www.vole.pub/a/202110/632764.html。

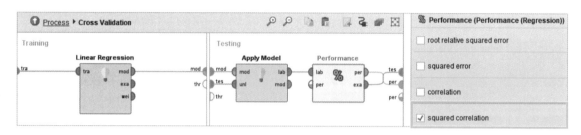

5 加入 **Cross Validation**，加入 **Linear Regression**、**Apply Model** 與 **Performance (Regression)** 於次流程，勾選「均方根誤差 root mean squared error 與相關係數平方 squared correlation」。[25]

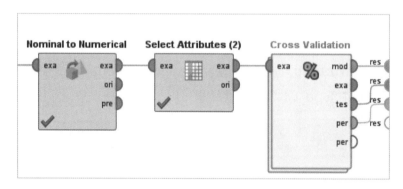

6 執行程式，檢視訓練模型對二手車的預測價格 prediction (Price)、迴歸模型以及預測績效 Performance Vector。[26]

---

25 由於迴歸模型是數值型，其績效 **Performance (Regression)** 不同於分類模型，沒有準確率與召回率等。root mean square error(RMSE) 為實際值與預測值誤差之均方根，而 squared correlation (r^2，介於 0 與 1 間) 代表模型之解釋能力。

26 線性迴歸模型顯示 4 個變數皆達 1% 顯著水準 (p 值 = 0) 且與預期之正負符號相同 (柴油與自動排檔車較貴，車齡與公里數愈高價格愈低)，RMSE 為 1,648.492，r^2 達 79.5%。

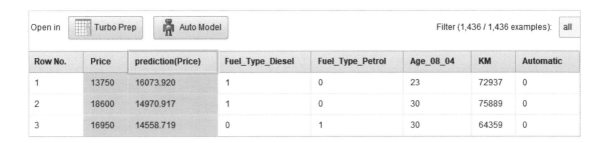

Attribute	Coefficient	Std. Error	Std. Coefficient	Tolerance	t-Stat	p-Value	Code
Fuel_Type_Diesel	758.520	165.416	0.065	1.000	4.586	0.000	****
Age_08_04	-149.907	2.934	-0.769	0.638	-51.087	0	****
KM	-0.020	0.002	-0.204	0.725	-12.428	0	****
Automatic	731.632	190.608	0.046	1.000	3.838	0.000	****
(Intercept)	20344.345	140.705	?	?	144.588	0	****

PerformanceVector

```
PerformanceVector:
root_mean_squared_error: 1648.492 +/- 145.769 (micro average: 1654.524 +/- 0.000)
squared_correlation: 0.795 +/- 0.034 (micro average: 0.792)
```

練習 4-7-1

如將 **Linear Regression** 改為 **Decision Tree** 預測結果為何？迴歸決策樹的根結點是哪個變數？其預測售價如何產生？

解答

1 將 **Linear Regression** 改為 **Decision Tree**，於 criterion 選擇「least_square」，將 maximal depth 設為「5」。執行程式，顯示 RMSE 降為 1,393.756，r^2 增加為 85.2%。

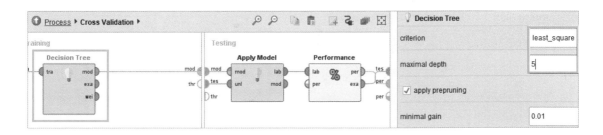

PerformanceVector

```
PerformanceVector:
root_mean_squared_error: 1393.756 +/- 115.748 (micro average: 1398.030 +/- 0.000)
squared_correlation: 0.852 +/- 0.032 (micro average: 0.851)
```

2 迴歸樹的根結點為車齡 (Age_08_04)，迴歸樹預測售價為葉節點之平均值，因此可能會有預測值相同的情形。

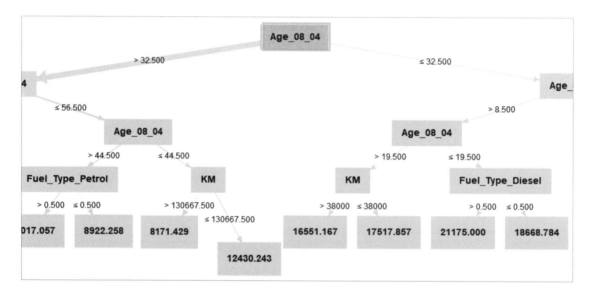

Row No.	Price	prediction(Price)	Fuel_Type_Diesel	Fuel_Type_Petrol	Age_08_04	KM	Automatic
1	13750	16472.475	1	0	23	72937	0
2	18600	16472.475	1	0	30	75889	0
3	16950	16472.475	0	1	30	64359	0
4	16950	16472.475	0	1	29	43905	1
5	12950	17694.600	0	1	29	9750	0

4-8 迴歸模型與二手車售價（2）

❖ 目的

利用向前選取 (Forward Selection)，選擇線性迴歸模型之重要解釋變數，再以訓練出的模型預測新進之二手車售價。

❖ 操作步驟

1. 下載如同前一節之 ToyotaCorolla 資料，共 1,436 筆 39 個變數。

2. 以 **Select Attributes** 刪除 id、Mfg_Month、Mfg_Year 與 Model 4 個變數，剩餘之 35 個變數中 Fuel_Type 與 Color 為名目變數，顏色中以米色 (Beige) 與黃色 (Yellow) 汽車最少，皆為 3 輛。

3. 加入 **Set Role** 選擇 Price 為 label，加入 **Nominal to Numerical** 將 Color 與 Fuel_Type 轉變為由 0 與 1 組成的數字型虛擬變數，勾選「use underscore in name」將變數名稱加底線。檢視一個特殊變數，一般變數增加為 45 個。

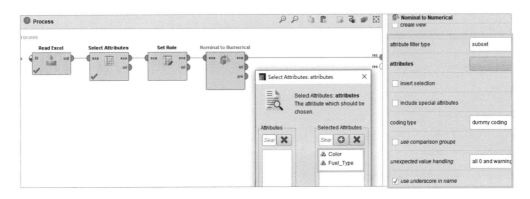

| 1435 | 7250 | 0 | 1 | 0 | 0 | 0 |
| 1436 | 6950 | 0 | 1 | 0 | 0 | 0 |

ExampleSet (1,436 examples, 1 special attribute, 45 regular attributes)

4 加入 **Select Attributes** 刪除 Color_Yellow 與 Fuel_Type_CNG 兩個數量最少的虛擬變數，加入 **Remove Correlated Attributes**，刪除高相關變數，以避免線性重合問題。執行程式，顯示一般變數成為 42 個。[27]

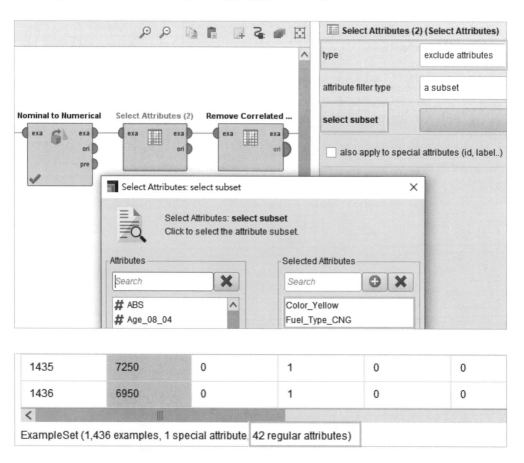

| 1435 | 7250 | 0 | 1 | 0 | 0 |
| 1436 | 6950 | 0 | 1 | 0 | 0 |

ExampleSet (1,436 examples, 1 special attribute, 42 regular attributes)

---

[27] 在使用 **Linear Regression** 與 **Logistic Regression** 等演算法時，特別需要避免變數間存在高度相關 (原設定為當變數間相關係數大於 0.95 時)，參考 https://towardsdatascience.com/why-feature-correlation-matters-a-lot-847e8ba439c4)。

5 加入 **Forward Selection**，於 maximal number of attributes 輸入「10」，於次流程加入 **Cross Validation**（連線 per)，再於其次流程加入 **Linear Regression**、**Apply Model** 與 **Performance (Regression)**，勾選「root mean squared error 與 squared correlation」。回主流程，加入一個新的 **Linear Regression** 連線後執行程式。[28]

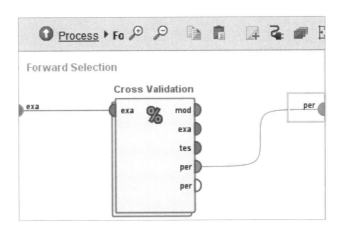

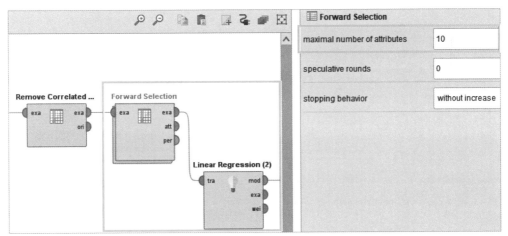

6 預測績效 RMSE 為 1,187.408，r^2 達 89.0%，檢視迴歸模型選出的 10 個重要變數皆達 1% 顯著水準，且 +/- 符號與預期相符合。[29]

---

28 由於 **Forward Selection** 內之 **Cross Validation** 僅有 per 可輸出，要檢視回歸模型結果可於主流程加入一新的 **Linear Regression** 使用選出之最佳變數執行回歸。

29 如以另一種常用的最佳變數選擇 **Optimize Selection(Evolutionary)** 取代 **Forward Selection**，雖然自動選出的變數要遠多於 10 個，但 RMSE 與 r^2 和使用 **Forward Selection** 差異不大。

PerformanceVector

```
PerformanceVector:
root_mean_squared_error: 1187.408 +/- 183.479 (micro average: 1200.442 +/- 0.000)
squared_correlation: 0.890 +/- 0.035 (micro average: 0.890)
```

Attribute	Coefficient	Std. Error	Std. Coefficient	Tolerance	t-Stat	p-Value	Code
Age_08_04	-110.623	2.402	-0.567	0.510	-46.056	0	****
Automatic_airco	2776.656	161.410	0.177	0.752	17.203	0	****
KM	-0.016	0.001	-0.169	0.732	-13.927	0	****
Weight	14.114	1.008	0.205	0.704	14.008	0	****
HP	13.939	2.802	0.058	0.910	4.974	0.000	****
Powered_Windows	396.540	68.200	0.054	0.892	5.814	0.000	****
Quarterly_Tax	14.587	1.526	0.165	0.964	9.559	0	****
Fuel_Type_Petrol	1795.319	228.799	0.161	0.995	7.847	0.000	****
Guarantee_Period	66.631	10.928	0.055	0.989	6.097	0.000	****
Color_White	-718.982	217.650	-0.029	0.994	-3.303	0.001	****
(Intercept)	-1982.009	1113.416	?	?	-1.780	0.075	*

練習 4-8-1

以上述 10 個最佳變數之 **Linear Regression** 模型，預測新進 ToyotaCorolla 二手車價格。

解答

1. 加入 **Store** 將上述 **Linear Regression** 模型儲存在 Local Repository 之 process 內，檔名為「best linear regression model」。

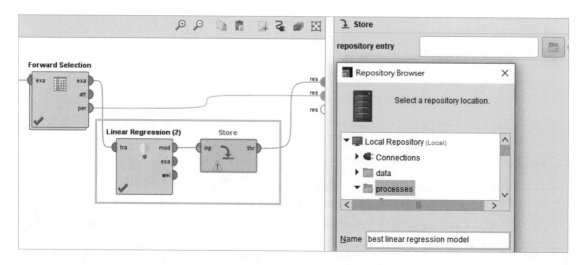

2 加入 Subprocess，將所有運算式剪下貼入於次流程再停用 Subprocess，加入 Read Excel，讀入 ToytotaCorolla predict 共 10 輛新進二手車資料，含 38 個一般變數並無價格變數。

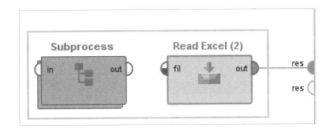

Row No.	Id	Model	Age_08_04	Mfg_Month	Mfg_Year	KM	Fuel_Type
1	1	TOYOTA Cor...	28	10	2000	60500	Diesel
2	2	TOYOTA Cor...	23	10	2002	72937	Diesel
3	3	□OYOTA Cor...	30	9	2000	41711	Petrol

Open in [Turbo Prep] [Auto Model]　　Filter (10 / 10 examples): all ▼

3 加入 **Select Attributes**，刪除 id、Mfg_Month、Mfg_Year 與 Model 4 個變數，加入 **Nominal to Numerical** 將所有名目變數 (Color 與 Fuel_Type) 轉換為虛擬變數，勾選「use underscore in name」，檢視共 41 個一般變數。

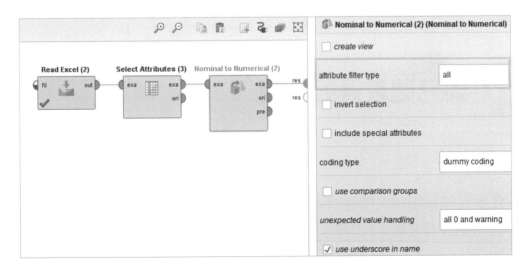

ExampleSet (10 examples, 0 special attributes, 41 regular attributes)

4 拖曳儲存之 best linear regression model 模型至流程，加入 **Apply Model**，連線後執行程式，檢視 10 輛新進二手車的預測售價 prediction (Price)。[30]

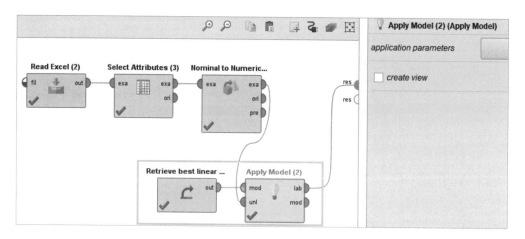

Row No.	prediction(Price)	Fuel_Type_Diesel	Fuel_Type_Petrol	Fuel_Type_GNC	Color_Blue
1	15289.791	1	0	0	1
2	15243.290	1	0	0	0
3	16774.119	0	1	0	1

4-9 嬰兒體重過輕預測

❖ 目的

以羅吉斯迴歸 **Logistic Regression** 模型與最佳變數選擇 **Optimized Selection (Evolutionary)** 預測新生嬰兒體重是否會過輕。

---

30 由於模型只選取 10 個變數進行預測，無須另行刪除黃色與 CNG 以及高度相關變數。

❖ 操作步驟

1 以 **Read Excel** 下載 lowbwt 資料，檢視 189 個樣本與 10 個變數。[31]

Row No.	ID	AGE	LWT	RACE	SMOKE	PTL	HT
1	87	20	105	White	1	0	0
2	88	21	108	White	1	0	0
3	89	18	107	White	1	0	0

Open in · Turbo Prep · Auto Model · Filter (189 / 189 examples):

2 於 Statistics 檢視族群 RACE 為名目變數，顯示 3 種膚色 (White、Black 與 Other) 樣本的數量中以黑人人數最少 (26 位)。

∨ LWT	Integer	0
∧ ⚠ RACE	Nominal	0

Index	Nominal value	Absolute count	Fraction
1	White	96	0.508
2	Other	67	0.354
3	Black	26	0.138

3 加入 Rename，於 old name 選擇「BWTGRAM」，於 new name 寫入「LOWBWT」，表示出生時體重過輕 (low birth weight)。

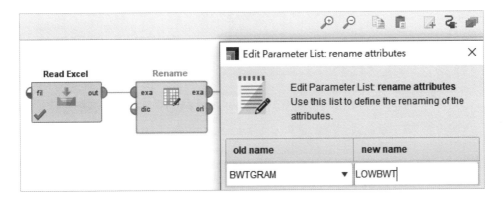

---

31 其中 BWTGRAM：嬰兒體重 (克)、LWT：mother's weight in pounds (母親體重)、RACE：mother's race (1 = white; 2 = black; 3 = other) (母親族群)、SMOKE：smoking during pregnancy (1 = Yes; 0 = No) (是否吸菸)、PTL：history of premature labor (1 = Yes; 0 = No) (早產經驗)、HT：history of hypertension (1 = Yes; 0 = No) (是否患有高血壓)、UI：presence of uterine irritability (1 = Yes; 0 = No) (是否有子宮躁動)、FTV：number of physician visits during first trimester (0 = none; 1 = one ⋯) (懷孕頭三個月看醫生次數)。

4　加入 **Numerical to Binominal**，選擇「LOWBWT」，在 min 輸入「2500」，在 max 輸入「999999」，將數值變數轉換為雙元變數。執行程式，於 Statistics 檢視 LOWBWT，顯示 189 個嬰兒中有 59 個為 true，表體重過輕 (< 2,500 克)。[32]

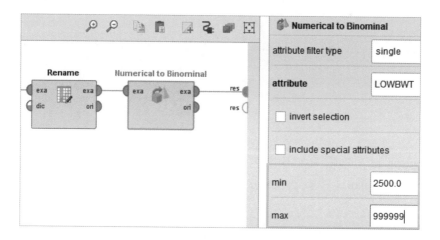

5　加入 **Nominal to Numerical**，選擇 RACE，檢視其由原先的名目變數轉換為三個由 0 與 1 組成的虛擬變數。

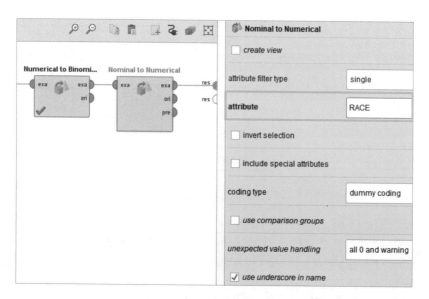

---

32 在 2,500-999999 克內的數值，將被轉換為 false (體重沒有過輕)，其餘則為 true (體重過輕)。

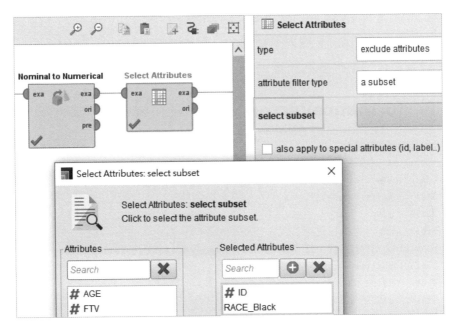

6　加入 **Select Attributes**，刪除 ID 與族群人數最少的 RACE_Black 兩個變數。

7　加 入 **Set Role**， 選 擇 LOWBWT 為 label， 加 入 **Optimized Selection (Evolutionary)**，於次流程加入 **Cross Validation**，再於次流程加入 **Logistic Regression**、**Apply Model** 與 **Performance (Binominal Classification)**，勾選「accuracy、precision 與 recall」。回主流程加入一新的 **Logistic Regression** 並完成連線。

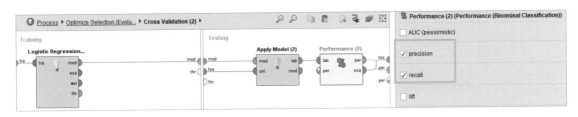

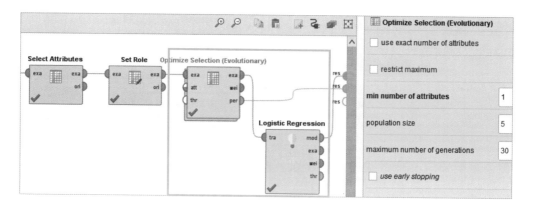

8 執行程式，預測績效為 accuracy 74.09%、precision 65.12%、recall 35.67% (positive class 為 true)。檢視選擇出的 7 個變數在 Logistic Regression 模型中的 +/- 符號皆符合預期且多為顯著。[33]

```
PerformanceVector

PerformanceVector:
accuracy: 74.09% +/- 8.33% (micro average: 74.07%)
ConfusionMatrix:
True:    false    true
false:   119      38
true:    11       21
precision: 65.12% +/- 32.49% (micro average: 65.62%) (positive class: true)
ConfusionMatrix:
True:    false    true
false:   119      38
true:    11       21
recall: 35.67% +/- 16.63% (micro average: 35.59%) (positive class: true)
```

Attribute	Coefficient	Std. Coefficient	Std. Error	z-Value	p-Value
RACE_White	-1.294	-0.649	0.524	-2.473	0.013
RACE_Other	-0.378	-0.181	0.539	-0.701	0.483
LWT	-0.017	-0.510	0.007	-2.419	0.016
SMOKE	0.951	0.465	0.397	2.398	0.016
PTL	0.603	0.297	0.335	1.799	0.072
HT	1.754	0.429	0.699	2.509	0.012
FTV	0.020	0.021	0.168	0.120	0.904
Intercept	1.403	-0.936	1.062	1.321	0.186

---

[33] 羅吉斯迴歸模型的係數代表機率，結果顯示，當孕婦患有高血壓 (HT = 1)、早產經驗 (PTL = 1) 或抽菸 (SMOKE = 1) 時，出生嬰兒體重會過輕 (true) 的機率將增加。而當母親體重 (LWT) 增加或當母親為白人 (RACE = White) 時，出生嬰兒體重會過輕的機率減少。

練習 4-9-1

由於預測嬰兒體重過輕佔所有過輕嬰兒的比率 - 召回率僅 35.67%(混淆矩陣顯示 59 位過輕嬰兒中僅 21 位預測正確)，如想要提高該比率到 70% 以上，要如何以更改閾值的方式達到目標？

解答

 加入 **Subprocess**，將所有運算式剪下貼入次流程後，連結其 mod 與 exa 至 out。

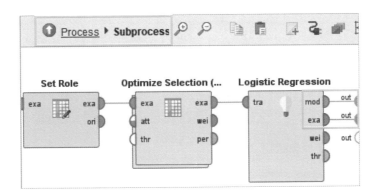

 於 **Subprocess** 後加入 **Apply Model** 與 **Select Recall**，於 min recall 輸入「0.7」，positive label 輸入「true」。執行程式，檢視當 recall 達 0.7 以上，閾值從 0.5 降為 0.289477。

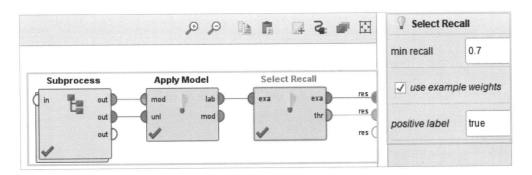

3 加入 **Apply Threshold**，完成 exa 與 thr 連線，加入 **Performance (Binominal Classification)**，勾選「accuracy、precision 與 recall」。執行程式，顯示當 confidence (true) > 0.289477 時即會預測嬰兒會過輕 (true)。PerformanceVector 顯示，降低閾值雖然使 recall 提升至 76.27%，但 accuracy 與 precision 也同時降低至 67.20% 與 48.39%。[34]

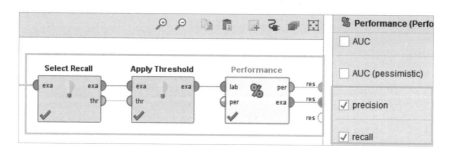

Row No.	LOWBWT	prediction(LOWBWT)	confidence(false)	confidence(true)	RACE_White	RACE_Other
1	false	true	0.662	0.338	1	0
2	false	true	0.668	0.332	1	0
3	false	true	0.674	0.326	1	0

PerformanceVector

```
PerformanceVector:
accuracy: 67.20%
ConfusionMatrix:
True:     false     true
false:    82        14
true:     48        45
precision: 48.39% (positive class: true)
ConfusionMatrix:
True:     false     true
false:    82        14
true:     48        45
recall: 76.27% (positive class: true)
```

---

34 Recall 與 precision 為相反變動關係，執行分析時需予以取捨。F1-score 是兩者的調和平均數（數值介於 0 與 1 間，值愈大模型愈佳），為另一個可參考的指標，參考 https://medium.com/nlp-tsupei/precision-recall-f1-score%E7%B0%A1%E5%96%AE%E4%BB%8B%E7%B4%B9-f87baa82a47。

練習 4-9-2

延續上題，下載 lowbwt predict 資料，預測 20 位即將出生的嬰兒體重是否會過輕。

解答

1 下載 lowbwt predict 資料，檢視 20 位待產母親的資料。加入 **Nominal to Numerical** 將 Race 變數轉換為虛擬變數，勾選「use underscore in name」，停用 **Select Recall** 與 **Performance (Binominal Classification)**。加入 **Create Threshold**，於閾值 threshold 輸入「0.289477」，first class 輸入「false」，second class 輸入「true」。

Row No.	ID	AGE	LWT	RACE	SMOKE
1	112	28	167	White	0
2	113	17	150	White	1
3	114	29	150	White	0

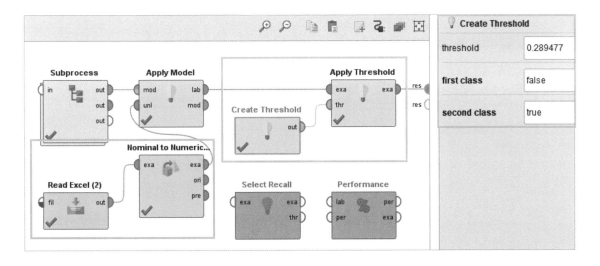

2 連線後執行程式，檢視經調整閾值後，對 20 個即將出生嬰兒體重是否會過輕的預測。[35] 當 confidence (true) 大於閾值時，即會預測出生時嬰兒體重會過輕，prediction (LOWBWT) 為 true。[36]

Row No.	prediction(LOWBWT)	confidence(false)	confidence(true)	RACE_White
1	false	0.936	0.064	1
2	false	0.809	0.191	1
3	false	0.913	0.087	1
4	false	0.857	0.143	1
5	false	0.778	0.222	1
6	true	0.707	0.293	1

Open in [Turbo Prep] [Auto Model]　　　Filter (20 / 20 examples):　all

---

35 由於訓練出的模型內無 RACE_Black 變數，不需另行刪除。

36 調降閾值，使預測嬰兒體重會過輕的例子增加，但其精確率會降低。

1. 依據 4-2 節，如於 **K-Means (Clustering)** 之 numerical measure 選擇 Dynamic TimeWarpingDistance，在 K 等於 3 最佳分群數中，台泥、亞泥及統一三家公司中，哪一家為獨立一群？ 統一 哪一家標準化股價最高？ 統一

2. 依據 4-3 節，將 **Decision Tree** 改為隨機森林 **Random Forest**，於 **Cross Validation** 勾選 use local random seed (以得到一致結果)。於 Optimize Parameters 選擇隨機森林樹的數量 Number_of_Trees (設定 min = 1，max = 100)、apply_pruning 與 apply_prepruning。執行結果顯示 Number_of_Trees 最佳參數值為多少？ 21 在預測的 34 家公司中，預測會違約的公司有幾家？ 15

3. 依據 4-3 節，將 **Decision Tree** 改為 **Gradient Boosted Trees**，於 **Cross Validation** 勾選 use local random seed 以得到一致結果。於 Optimize Parameters 選擇樹的數量 Number_of_Trees (設定 min = 1，max = 50，Steps = 10)、maximum_depth (設定 min = 1，max = 5，Steps = 5)，Number_of_Trees 最佳參數值為多少？ 6 此時在預測的 34 家公司中，預測會違約的公司有幾家？ 14

4. 依據 4-4 節，如將 **Deep Learning** 改為梯度提升決策樹 **GBT**，是否仍需調整不平衡資料，原因為何？ 不需要，其 kappa 與 F measure 均較調整後為高 不調整不平衡資料，kappa 為 0.698 F measure 為 71.43% 以 SMOTE upsampling 調整，kappa 為 0.445 F measure 為 44.68% 以 Generate Weight (Stratification) 調整，kappa 為 0.645 F measure 為 64.57%

5. 依據 4-5 節，如將 **Create Lift Chart** 之 number of bins (資料分箱數) 改為 5，前 20% confidence yes (2,000 位) 客戶中實際流失的客戶數為多少人？ 873 占總實際流失客戶數比例約為多少 %？ 873/968 約 90%

6. 依據 4-5 節，如將 **Naïve Bayes** 改為 **Deep Learning** (勾選 reproducible (uses 1 thread) 以取得一致結果)，並將 Create Lift Chart 之 number of bins 設為 4，此時預測前 25% confidence (yes) 中實際流失客戶人數占所有流失客戶人數的比重為多少？ 959/968

7. 依據 4-6 節，如將目標變數基地台位置編號由 Cellid 改為 CellID，則第 1 位顧客 (Coordinate X 611814，Coordinate Y 5636166) 所在的最近基地台位置編號為多少？　843

8. 依據 4-8 節，如將 **Forward Selection** 之 maximum number of attributes 設為 5，將 **Linear Regression** 改為神經網路 **Neural Net**，該模型之 RMSE 為多少？　1186.754　以該模型預測第 1 筆新進二手車之售價為多少？　15171.066

9. 依據 4-8 節，如將 **Forward Selection** 之 maximum number of attributes 設為 20，在 **Linear Regression** 的估計結果中，車齡 (Age_08_04) 的估計係數 (Coefficient) 為多少？　-110.369　以該模型預測第 1 筆新進二手車之售價為多少？　15235.796

10. 依據 4-9 節，如想提高召回率達 60% 以上，其閾值變為多少？　0.3242　此時召回率為多少？　62.71%　依據此閾值，20 位待產母親中，有幾位被預測可能會出生過輕嬰兒？　11

11. 依據 4-9 節，假設嬰兒體重大於等於 4500 公克為過重，如果想預測母親是否會出生過重嬰兒，在 Numerical to Binominal 運算式設定中，min 設為多少？　0　max 設為多少？　4500

進階實例練習

本章涵蓋實作練習的第二部分，主題包含根據民眾就醫資料偵測醫療詐欺行為、使用關聯性法則判斷那些商品經常同時購買、針對連續未達測試績效的預測模型郵寄警訊至相關人員、依據機器各部位感應器記錄找出發生故障的主要來源、使用 K-NN 模型預測機器是否將發生故障以預先安排維修工作、檢視 S&P 500 的移動平均以及線性與非線性趨勢、使用視窗與滑動視窗驗證根據公司財報資料預測股價、處裡視窗資料、使用交叉驗證與時間序列滑動視窗驗證以及單變量 ARIMA 模型進行溫度預測、使用單變量 Holt-Winters 模型預測貿易出口值以及計算並根據顧客之 RFM 值進行顧客分群與執行問卷回覆分析。

5-1 醫療詐欺偵測

❖ 目的

應用 **Gradient Boosted Trees** 模型，根據民眾就醫資料，偵測是否可能有醫療詐欺行為。[1]

❖ 操作步驟

由「Samples → Templates → Medical Fraud Detection」下載 medicaldata，檢視 200 位民眾 16 項就醫相關資料 (如至今繳付金額 amount_paid_to_date 與至今處方籤數量 number_presc_to_date 等) 與是否涉及詐欺 (FRAUD_LABEL) 及 id 等共 18 個變數。Statistics 顯示有 (true) 無 (false) 詐欺之人數各占一半 (100 人)。

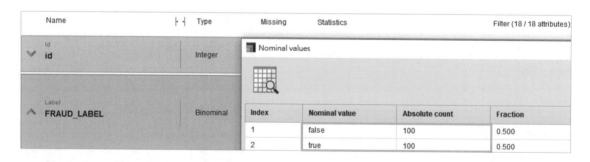

---

[1] Gradient Boosted Trees (GBT) 為集成 (ensemble) 模型的一種，其每個新模型的建立會使之前模型的殘差往梯度 (Gradient) 方向減少，該演算法可用於分類與迴歸模型，參考 https://www.796t.com/content/1548347612.html。

2 加入 **Remove Correlated Attributes**，將相關係數大於 0.95 的變數刪除。加入
Cross Validation，於次流程加入 **Sample**，選擇 relative，勾選「balanced data」，
於 sample ratio per class 輸入「true = 0.1、false = 1.0」。加入 **Gradient Boosted
Trees**，將 number of trees 設為 20，maximal depth 設為 5，加入 **Apply Model**
與 **Performance (Binominal Classification)**，勾選 accuracy、AUC、precision
與 recall。[2]

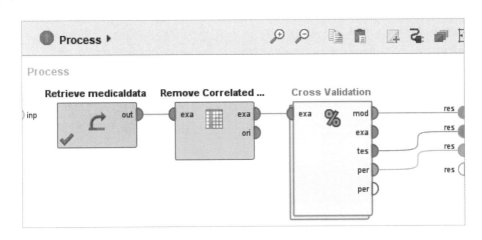

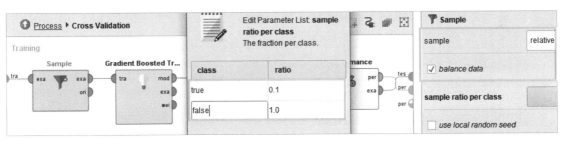

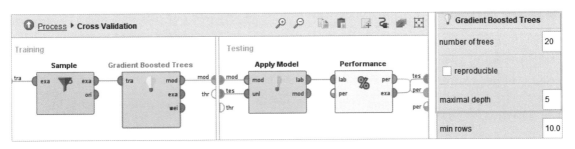

2　將訓練資料以 **Sample** 調整詐欺 (true) 為沒有詐欺 (false) 的 10%，使更接近實際醫療詐欺比例。

5-3

③ 執行程式，顯示預測之 accuracy 為 76.50%、AUC 0.869、precision 93.71%、recall 58.00% (positive class 為 true)。

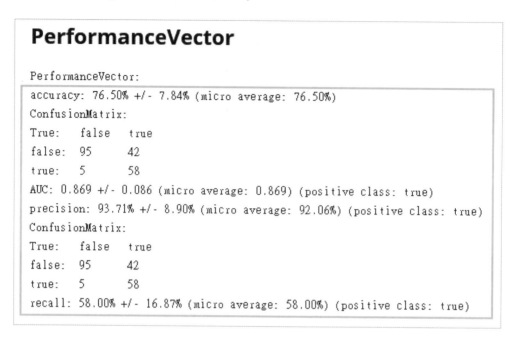

PerformanceVector

```
PerformanceVector:
accuracy: 76.50% +/- 7.84% (micro average: 76.50%)
ConfusionMatrix:
True:    false    true
false:   95       42
true:    5        58
AUC: 0.869 +/- 0.086 (micro average: 0.869) (positive class: true)
precision: 93.71% +/- 8.90% (micro average: 92.06%) (positive class: true)
ConfusionMatrix:
True:    false    true
false:   95       42
true:    5        58
recall: 58.00% +/- 16.87% (micro average: 58.00%) (positive class: true)
```

④ 於主流程加入 **Forward Selection**，維持變數上限為 10 個，將 **Cross Validation** 剪下貼入次流程，連線後執行程式，顯示 accuracy 為 82.50%、AUC 0.863、precision 87.62%、recall 77.00%。檢視選擇出的 5 個影響醫療詐欺的主要變數為 amount_paid_to_date、amount_paid_per_year、number_presc_to_date、amount_paid_per_doctor 與 max_presc_per_doctor。

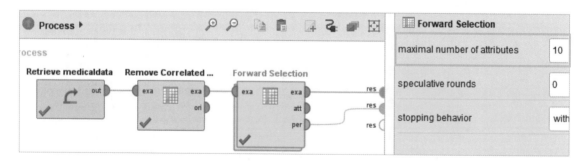

PerformanceVector

```
PerformanceVector:
accuracy: 82.50% +/- 9.50% (micro average: 82.50%)
ConfusionMatrix:
True:     false     true
false:    88        23
true:     12        77
AUC: 0.863 +/- 0.069 (micro average: 0.863) (positive class: true)
precision: 87.62% +/- 12.28% (micro average: 86.52%) (positive class: true)
ConfusionMatrix:
True:     false     true
false:    88        23
true:     12        77
recall: 77.00% +/- 14.18% (micro average: 77.00%) (positive class: true)
```

FRAUD_LABEL	amount_paid_to_date	amount_paid_per_year	number_presc_to_date	amount_paid_per_doctor	max_presc_per_doctor
false	100	109.111	0	24.659	1
false	100.588	0.943	9	27.854	1
false	100.403	159.592	0	26.888	1

5　回主流程加入 **Gradient Boosted Tree**，設定 number of trees 為 20，加入 **Apply Model**，連線後執行程式。檢視醫療詐欺之預測結果，預測詐欺人數 prediction (FRAUD_LABEL) true 為 106 人。[3]

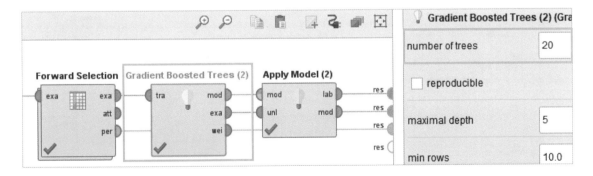

3　由於 **Forward Selection** 並無預測結果輸出，因此外加 **Gradient Boosted Tree** 與 **Apply Model**，利用挑選出來的 5 個變數進行預測。

id	FRAUD_LABEL	prediction(FRAUD_LABEL)	confidence(false)	confidence(true)	amount_paid_to_date
21	false	false	0.591	0.409	100
34	false	true	0.448	0.552	100.588
35	false	false	0.575	0.425	100.403

Turbo Prep　Auto Model　Filter (200 / 200 examples):

Label FRAUD_LABEL	Binominal	0	Negative false	Positive true	Values false (100), true (100)
Prediction prediction(FRAUD_LABEL)	Binominal	0	Negative false	Positive true	Values true (106), false (94)

練習 5-1-1

為能更完整的找出醫療詐欺案件，如何以調整分類成本的方式提高 recall 值？

解答

在 **Sample** 後面加入 **MetaCost**（元成本），於 cost matrix 之 Edit Matrix 點選 Increase Size 至 2*2 矩陣，將右上角之數值由 1.0 變為 11.0。將 **Gradient Boosted Tree** 剪下貼入 **MetaCost** 之次流程，執行程式。檢視預測 accuracy 為 82.50%、AUC 0.877、precision 82.13%、recall 87.00%。與調整前相比 accuracy 與 AUC 相似，recall 大幅上升 10%，而 precision 減少約 5%。[4]

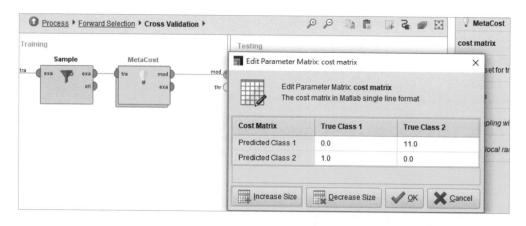

4　混淆矩陣中 Class 1 表 false，Class 2 表 true，其右上角與左下角表錯誤預測的成本，原始皆為 1。增加右上角為 11，是調升實際有詐欺 (True Class 2) 但預測無詐欺 (Predicted Class 1) 的成本為實際無詐欺 (True Class 1) 但預測有詐欺 (Predicted Class 2) 成本的 11 倍。此調整將增加 recall 但降低 precision 值。

PerformanceVector

```
PerformanceVector:
accuracy: 82.50% +/- 8.90% (micro average: 82.50%)
ConfusionMatrix:
True:    false    true
false:   78       13
true:    22       87
AUC: 0.877 +/- 0.065 (micro average: 0.877) (positive class: true)
precision: 82.13% +/- 13.34% (micro average: 79.82%) (positive class: true)
ConfusionMatrix:
True:    false    true
false:   78       13
true:    22       87
recall: 87.00% +/- 10.59% (micro average: 87.00%) (positive class: true)
```

預測結果，顯示反映醫療詐欺的變數減少為兩個 amount_paid_to_date 與 number_presc_per_hospital，而預測詐欺的人數則從原先的 106 人，減少為 93 人。

		Filter (200 / 200 examples):	all		
FRAUD_LAB...	prediction(F...	confidence(f...	confidence(t...	amount_paid_to_date	number_presc_per_hospital
false	false	0.591	0.409	100	37
false	false	0.494	0.506	100.588	55
false	false	0.591	0.409	100.403	64

	Label			Negative	Positive	Values
∨	**FRAUD_LABEL**	Binominal	0	false	true	false (100), true (100)
	Prediction			Negative	Positive	Values
∨	**prediction(FRAUD_LABEL)**	Binominal	0	false	true	false (107), true (93)

練習 5-1-2

延續上題,下載 fraud predict 資料,對 20 位民眾就醫紀錄,偵測是否有醫療詐欺的可能。

解答

以 **Read Excel** 下載 fraud predict 資料,檢視 20 位民眾就醫紀錄,完成與 unl 連線後檢視偵測結果 prediction (FRAUD_LABEL)。[5]

Row No.	amount_paid_to_date	number_presc_to_date	max_presc_to_date	max_presc_per_doctor
1	100.266	78	1	1
2	100.294	4	0	1
3	100.109	17	1	1

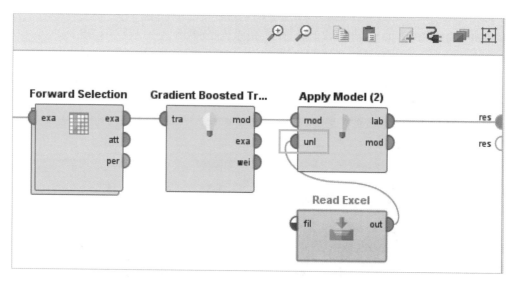

Row No.	prediction(FRAUD_LABEL)	confidence(false)	confidence(true)	amount_paid_to_date	number_presc_to_date
1	false	0.591	0.409	100.266	78
2	false	0.591	0.409	100.294	4
3	false	0.591	0.409	100.109	17

5　可以先停用其它所有運算式,下載並檢視完 fraud predict 資料後,再重新啟動 enable 運算式並完成練線。

5-2 購物籃分析

❖ 目的

以關聯性法則 **Association Rule** 進行購物籃分析 (Basket Analysis)，判斷那些商品經常會一起購買。

❖ 操作步驟

1. 加入 **Read CSV**，下載 sales_data_sample，檢視 2,823 筆銷售資料 (訂單編號 ORDERNUMBER、商品代號 PRODUCTCODE、訂單數量 QUANTITYORDERED、銷售金額 SALES 等)。[6]

Row No.	ORDERNUMBER	QUANTITYORDERED	PRICEEACH	ORDERLINENUMBER	SALES
1	10107	30	95.700	2	2871
2	10121	34	81.350	5	2765.900
3	10134	41	94.740	2	3884.340

Open in Turbo Prep / Auto Model — Filter (2,823 / 2,823 examples): all

2. 加入 **Select Attributes**，選擇 ORDERNUMBER 訂單編號與 PRODUCTCODE 商品代號。加入 **Aggregate**，在 group by attributes 中選擇「ORDERNUMBER」，在 aggregation attributes，分別選擇「PRODUCTCODE 與 concatenation (並列)」。檢視共 307 筆訂單與每筆訂單包含的商品種類 (商品代號以 | 符號分隔)。

Open in Turbo Prep / Auto Model — Filter (2,823 / 2,823 examples):

Row No.	ORDERNUMBER	PRODUCTCODE
1	10107	S10_1678
2	10121	S10_1678
3	10134	S10_1678

---

6 該資料下載自 Kaggle 網站 https://www.kaggle.com/datasets/kyanyoga/sample-sales-data。

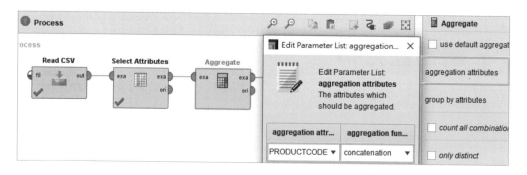

Row No.	ORDERNUMBER	concat(PRODUCTCODE)
1	10100	S18_1749|S18_2248|S18_4409|S24_3969
2	10101	S18_2325|S18_2795|S24_1937|S24_2022
3	10102	S18_1342|S18_1367
4	10103	S10_1949|S10_4962|S12_1666|S18_1097|S18_2432|S18_2949|S18_

3 加入 **Set Role**，將 ORDERNUMBER 設為 id。加入 **FP-Growth**，連線 exa 與 fre (frequent sets 頻率集合) 至 res，於 input format 選擇「item list in a column」，於 min support 輸入「0.07」。[7]

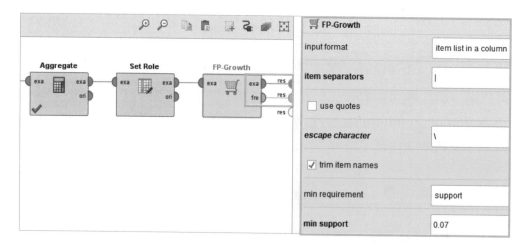

---

7 同時購買商品 A 與 B 的支持度 (Support) 為該項目集或商品組合 (item set) 出現次數佔所有銷售訂單的比率。也就是在所有銷售訂單中，同時購買 A、B 兩個商品之訂單機率 P(A ∩ B)。當 min support 設為 0.07 時表示該商品組合出現的比率不得少於 7%。

④ 執行程式後，將 Min Size 設為「2」，點選「Update View」，第一行顯示有 7.8%
的機率 (Support)，商品 S18_3232 與 S24_2840 會被一起購買。

No. of Sets: 81	Size	Support	Item 1	Item 2	Item 3
Total Max. Size: 4	2	0.078	S18_3232	S24_2840	
	2	0.075	S18_3232	S32_2509	
Min. Size: 2	2	0.085	S18_3232	S18_2319	
Max. Size: 4	2	0.081	S10_1949	S18_1097	
Contains Item:	2	0.072	S10_1949	S18_2949	
	2	0.072	S10_4962	S18_2432	
Update View	2	0.081	S10_4962	S18_4600	

⑤ 加入 **Create Association Rules**，完成 fre 至 ite (item sets) 等連線，改變 min
confidence 為 0.9，執行程式。[8]

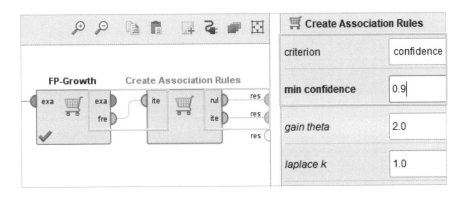

⑥ 點選 AssociationRules (Create Association Rules)，第一行顯示購買商品 S18_4600
(Premises) 就會購買 S10_4962 (Conclusion) 的支持度達 0.081，而信心度達
0.926。[9]

---

[8] 信心度 (Confidence) 表示當購買 A 商品同時也會購買 B 商品 (Confidence(A ⇒ B)) 的條件機率，
$P(B \mid A) = P(A \cap B)/P(A)$，min confidence 設為 0.9 表示該機率不可小於 90%。

[9] 另一參考指標為 Lift，商品 A 對商品 B 的 Lift 指標為 Lift(A ⇒ B) = $P(B \mid A)/P(B)$ = Confidence(A ⇒ B)
/ $P(B)$ = $P(A \cap B) / P(A)P(B)$。當 Lift(A ⇒ B) = 1 時，表 A 和 B 相互獨立，A 出現對 B 出現的機率沒
有提昇作用。當 Lift(A ⇒ B) > 1，其值愈大，表示 A 出現對 B 出現的提昇程度愈大。第一行顯示 Lift =
10.152，表示購買商品 S18_4600 後，購買商品 S10_4962 的可能會增加許多，參考 http://www.hmwu.
idv.tw/web/R/C04-hmwu_R-AssociationRule.pdf。

(FP-Growth) ✕ 🛒 **AssociationRules (Create Association Rules)** ✕

No.	Premises	Conclusion	Support	Confidence	LaPlace	Gain	p-s	Lift
28	S18_4600	S10_4962	0.081	0.926	0.994	-0.094	0.073	10.152
29	S18_1129	S18_1984	0.081	0.926	0.994	-0.094	0.074	10.528
30	S18_1984	S18_1129	0.081	0.926	0.994	-0.094	0.074	10.528

▎練習 5-2-1

於左側 Show rules matching 點選第一個商品 S18_3232，會出現何種訊息？

解答

顯示當購買那些商品或商品組合 (Premises) 時，就會同時購買 S18_3232 (Conclusion)，在全部 3 種可能中，Support 與 Confidence 都要大於設定的最小值。

🛒 FrequentItemSets (FP-Growth) ✕　🛒 AssociationRules (Create Association Rules)

Show rules matching

all of these conclusions: ▼	No.	Premises	Conclusion	Support	Confidence
S18_3232 ⌃	59	S18_2319	S18_3232	0.085	1
S10_4962	65	S24_2840, S18_2319	S18_3232	0.075	1
S24_1444	66	S32_2509, S18_2319	S18_3232	0.072	1

▎練習 5-2-2

延續上題，如在 Graph 點選該商品 S18_3232，會顯示何種訊息？

解答

會以圖形顯示同時購買 S18_3232 之 3 種關聯規則 (Rule)，將滑鼠置於 Rule 上，會顯示規則內容與 Support、Confidence 等資訊。調整左下角之 Min Criterion Value 可檢視在不同標準下 (如 confidence)，關聯規則圖形的改變。

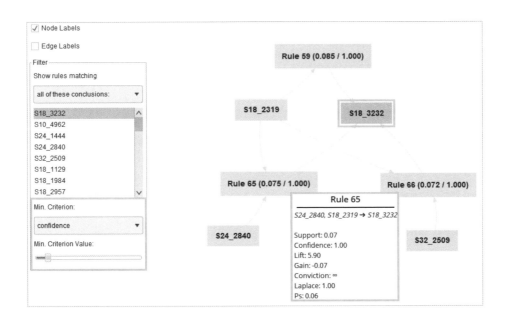

5-3 依據績效發送警訊郵件（1）

❖ 目的

檢視客戶流失資料，是否符合預測準確率與召回率之標準。

❖ 操作步驟

1. 於「Samples → Templates → Operationalization」拖曳客戶資料 Data 至流程，加入 **Filter Examples** 選擇 Age 介於「18 到 70」之間的客戶。加入 **Set Role** 將 ChurnIndicatior 設為 label。執行程式，檢視科技類型、客戶性別、年齡、消費金額、郵遞區號與是否流失 (Churnindicator) 6 個變數，848 筆資料。

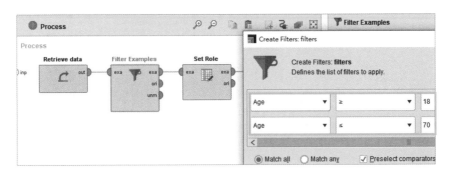

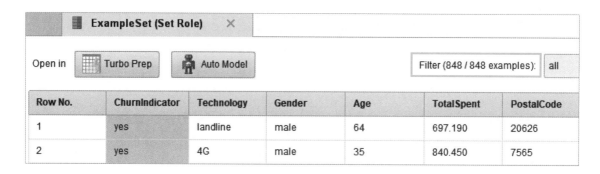

2️⃣ 加入 **Nominal to Binominal**，將變數 Churnindicator 轉換為雙元名目變數。加入 **Remap Binominals**，將客戶流失 yes 設為陽性。[10]

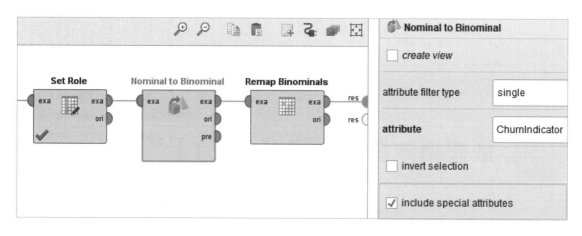

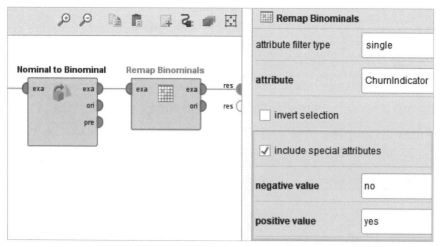

---

10 由於原設定之陽性為客戶沒有流失 no，更改為客戶流失 yes，更改前需先將名目變數轉換為雙元名目變數。

③ 加入 Decision Tree，將 max death 設為 5，加入 **Apply Model** 與 **Performance (Binominal Classification)**，勾選 accuracy 與 recall，連線結後執行程式，accuracy 為 95.05%，recall 為 99.75%。

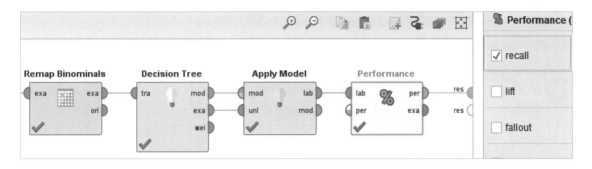

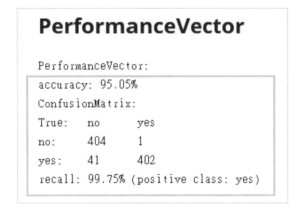

④ 加入 **Subprocess** 將所有運算式剪下貼入次流程，回主流程加入 **Log**，於 Edit List 完成以下設定，將 accuracy 與 recall 資料儲存於 log。加入 **Log to Data**，執行程式，將 log 內 accuracy 與 recall 資料轉換為樣本。

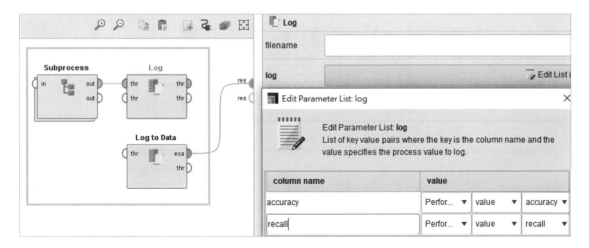

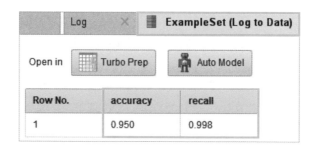

5 加入 **Extract Macro**，完成以下 macro 與 additional macros 設定，將 accuracy 與 recall 兩數值以 Macro 方式抽取出後保存。

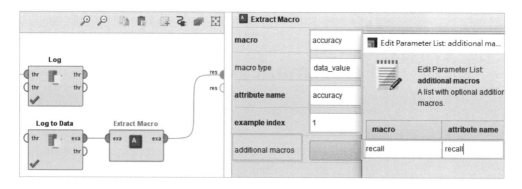

6 加入 **Branch**，於 condition type 選擇「expression」，於 expression 寫入「%{accuracy}>="0.90"&&%{recall}>="0.90"」。[11]

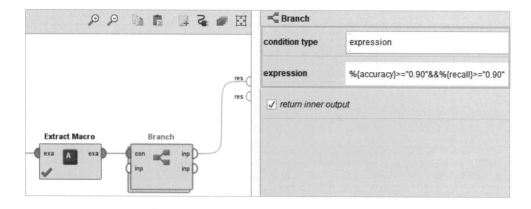

---

[11] 當 **Branch** 使用 expression 時，建議以巨集 Macro 方式表達變數，參考 https://community.rapidminer.com/discussion/44011/basic-。 在 expression 中 %{accuracy}>="0.90"&&%{recall}>="0.90" 表示當 accuracy>=0.90 且 recall>=0.90 時，執行 **Branch** 的 Then 否則執行 Else。兩個數值須加雙引號成為字串，而 && 表示且 (AND)，參考 https://boomengineer.medium.com/java-%E9%82%8F%E8%BC%AF%E9%81%8B%E7%AE%97%E5%AD%90%E4%B8%AD-%E5%92%8C-%E4%BB%A5%E5%8F%8A-%E5%92%8C-%E7%9A%84%E5%B7%AE%E7%95%B0-49cfd1465353 與正規表達式 (Regular Expression) https://ouoholly.github.io/post/note-regular-expression-regex/#%E8%A7%A3%E9%87%8B。

7　於次流程 Then 加入 **Store**，選擇 Local Repository 之 data，寫入儲存檔名「test pass」。於 Else 加入另一個 **Store**，於 Local Repository 之 data，寫入儲存檔名「test fail」。

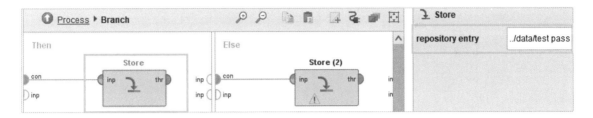

8　執行程式，於 Local Repository 之 data 內檢視所儲存的檔案 test pass。由於 accuracy 0.950 與 recall 0.998 皆大於最低標準值 0.90，故所儲存的檔案為 test pass。

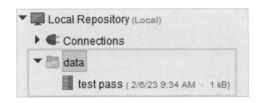

9　將 expression 內最低標準值改為「0.96 (%{accuracy}>="0.96"&&%{recall}>="0.96")」，執行程式，由於 accuracy 0.950 小於最低標準值 0.96，Local Respsitory 儲存的檔案變為「test fail」。將流程以 Save Process as 儲存於 Local Respsitory 之 process 內，檔名「5.3」。

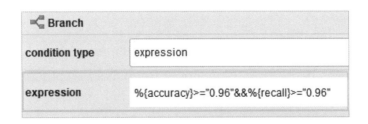

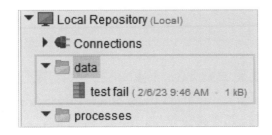

5-4 依據績效發送警訊郵件（2）

❖ 目的

如模型之準確率與召回率不符合標準，更改為其他模型再次檢測，如結果仍未達標，
郵寄警訊至相關人員。

❖ 操作步驟

1 下載上一節儲存之 5.3 流程，在 **Subprocess** 次流程，以 **Random Forest** 取代
Decision Tree。回主流程，停用原 **Log to Data** 並以一新的取代，將新模型的
accuracy 與 recall 資料轉換為樣本。

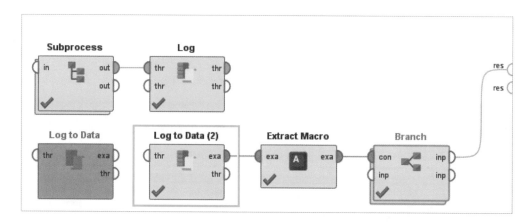

2 將 **Branch** 次流程 Else 之 **Store** 檔案名稱由 test fail 更名為「test fail again」，
以 Save Process as 將流程存入 Local Repository 之 processes，檔名「5.4
(1)」，檢視 process 內先後儲存的兩個檔案。

3 雙擊 5.3，使流程重新回到 5.3。於 Else 之 **Store** 後加入 **Execute Process**，
於 process location 輸入「5.4 (1)」。以 Save Process as 儲存流程檔案於 Local
Repository 之 processes，檔名「5.4 (2)」，檢視 process 內儲存的三個檔案。

4 執行程式 5.4 (2)，檢視先後出現 test fail 與 test fail again 於 data 內。表示 accuracy 與 recall 於 5.3 (使用 **Decision Tree**) 與 5.4 (1)(使用 **Random Forest**) 都未同時達 0.96 之標準。[12]

5 於 Local Repository 內 Connections 按右鍵，點選「Create Connection」。於 Connection Type 勾選「Email (send)」，Repository 選擇「Local Repository」，Connection Name 輸入「email alert 警訊郵件」，點選「Create」。檢視 Connections 內建立之 email alert 警訊郵件檔案。

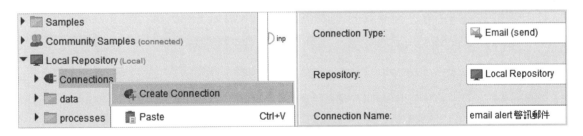

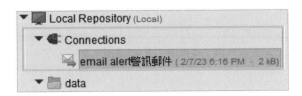

---

12 執行 5.4 (2) 時，會先執行 5.3，如果通過標準 (accuracy 與 recall 同時達 0.96)，**Store** 會儲存 test pass 並結束流程。如未通過，儲存 test fail 並再自動執行 5.4 (1)。如果通過，儲存 test pass 並結束流程，如仍未通過，儲存 test fail again。

6 以 gmail 信箱發信為例，雙擊 email alert 警訊郵件，於 Setup 點選「Edit」，輸入以下資料，其中 User name 為個人之 gmail 信箱，Password 為 APP 專用 (非原信件) 密碼。[13] 完成設定後，點 Test Connection 檢查是否連線成功，成功後按下「Save」儲存。

7 於 processes 雙擊開啟 5.4 (1) 流程，加入 **Write Excel** 與 **Send Mail** 於 Else，完成連線。於 mail sender 連結 Local Repository 內 Connections 之 email alert 警訊郵件，於 to 寫入你的信箱，subject 寫入主題 (如警訊通知)，body plain 寫入信件內容 (如預測績效不佳 !)。於 filenames 分別輸入 1 與 Excel 檔名 (performance.xls)，將績效 accuracy 與 recall 寫入 Excel 檔，該檔案會以附件方式隨同警訊寄出。完成設定後，重新儲存在 5.4 (1) 流程。

---

13 為確保郵寄安全，gmail 使用 SMTP 時需先開啟兩步驗證以及建立應用專用密碼。先進入個人 Google 帳戶，點選安全性，開啟兩步驗證。其後於選擇應用，勾選郵件，於選擇設備，勾選其他 (自定義名稱)，輸入任一名稱，勾選生成，複製自動產生之 16 位數專用密碼後，勾選完成。最後，將此專用密碼貼於 Setup 之 Password。

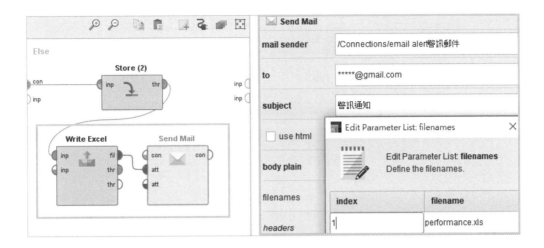

8. 於 processes 雙擊開啟 5.4 (2) 流程，執行程式。由於 Local Repository 之 data 顯示 test fail 與 test fail again (前後兩個模型之 accuracy 與 recall 皆未同時 $>=$ 0.96)，警訊信件與 Excel 附檔將會同時寄至指定的信箱。[14]

5-5 機器維修預測（1）

❖ 目的

依據機器各部位感應器 (Sensor) 記錄，結合 4 種衡量方式，找出機器發生故障的主要來源。

❖ 操作步驟

1. 於「Samples → Templates → Predictive Maintainence」拖曳出 Reference Data，檢視 136 台機器序號 (Machine_ID)、是否故障 (Failure) (76 yes 及 60 no) 以及 25 個感應器的記錄，共 27 個變數，其中是否故障為目標變數。

---

14 以 4 位小數點檢視 Excel 檔之 accuracy 與 recall。

Open in	Turbo Prep	Auto Model	Filter (136 / 136 examples):	all		
Row No.	**Machine_ID**	**Failure**	**Sensor_1**	**Sensor_2**	**Sensor_3**
1	M_0001	no	2.633	0.918	4.229
2	M_0002	yes	9.244	22.732	15.307
3	M_0003	no	3.183	28.526	8.735

Name	⊢ ⊣	Type	Missing	Statistics		Filter (27 / 27 attributes):	Search for Attributes
Id **Machine_ID**		Nominal	0	Least M_0272 (0)	Most M_0001 (1)	Values M_0001 (1), M_00	
Label **Failure**		Binominal	0	Negative no	Positive yes	Values yes (76), no (60)	

2 加入 Weight by Correlation、Weight by Gini Index、Weight by Information Gain 與 Weight by Information Gain Ratio，檢視以 4 種衡量方式，計算各感應器與機器故障間關聯性之權重值排序 (數值愈大關聯性愈強)。

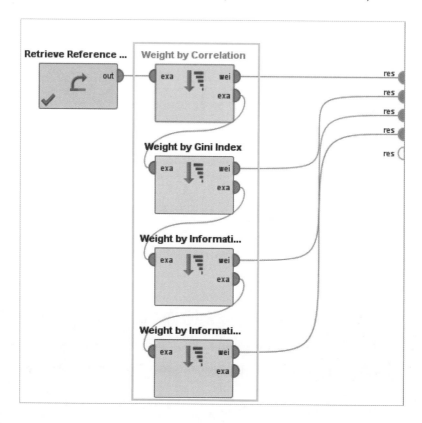

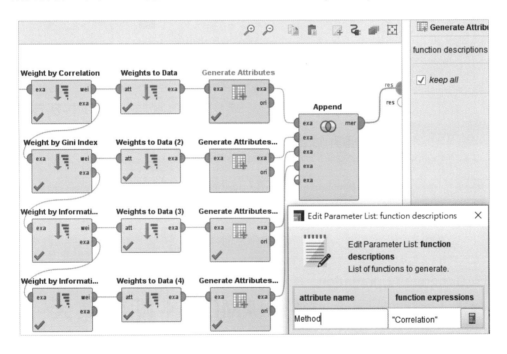

attribute	weight
Sensor_20	0.099
Sensor_24	0.113

③ 加入 4 個 **Weights to Data**，將權重轉換為樣本資料。加入 4 個 **Generate Attributes**，attribute name 分別寫入「Method」，function expressions 分別寫入 "Correlation"、"Gini"、"InfoGain" 與 "InfoGainRatio"。[15] 加入 **Append**，檢視合併 4 種方式每個感應器的權重值，共 100 (25 * 4) 個樣本。

Row No.	Attribute	Weight	Method
1	Sensor_24	0.008	Correlation
2	Sensor_21	0.010	Correlation
3	Sensor_22	0.012	Correlation

---

15 於 expression 內字串須加雙引號。

4 加入 **Subprocess** 將所有運算式剪下貼入其中，並完成連線至 out。加入 **Pivot**，於 group by attributes 選擇「Attribute」，column grouping attribute 選擇「Method」，aggregation attributes 分別選擇「Weight 與 average」，檢視 25 個感應器 4 種方式分別之權重值。

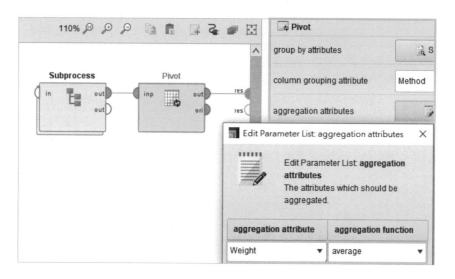

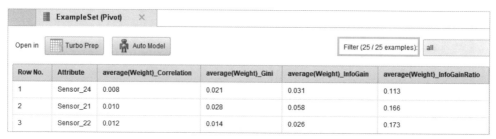

Row No.	Attribute	average(Weight)_Correlation	average(Weight)_Gini	average(Weight)_InfoGain	average(Weight)_InfoGainRatio
1	Sensor_24	0.008	0.021	0.031	0.113
2	Sensor_21	0.010	0.028	0.058	0.166
3	Sensor_22	0.012	0.014	0.026	0.173

5 加入 **Generate Aggregation**，於 attribute name 寫入「Importance」，attribute filter type 選擇「value_type」，value type 選擇「numeric」，aggregation function 選擇「average」。執行程式，檢視各感應器 4 種方式的平均值 Importance。

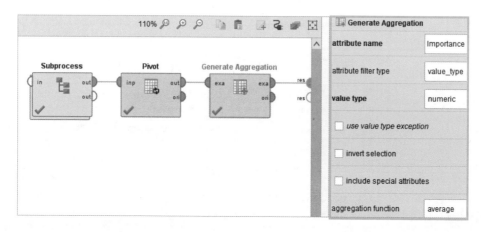

	Attribute	average(Weig...	average(Weight)_G...	average(Wei...	average(We...	Importance
	Sensor_24	0.008	0.021	0.031	0.113	0.043
	Sensor_21	0.010	0.028	0.058	0.166	0.065
	Sensor_22	0.012	0.014	0.026	0.173	0.057

ExampleSet (Generate Aggregation) ✕

Turbo Prep Auto Model Filter (25 / 25 examples)

6 加入 **Normalize**，選擇「Importance」，於 method 選擇「range transformation」，設定 min = 0，max = 1，將所有平均值設在 0 與 1 之間。加入 **Sort**，將 Importance 以 descending 排序。執行程式，檢視 25 個感應器 4 種方式的權重平均值 (Importance) 排序，其中感應器 Sensor_7、Sensor_6 與 Sensor_8 所感應的機器範圍，是造成故障的前 3 個主要來源。

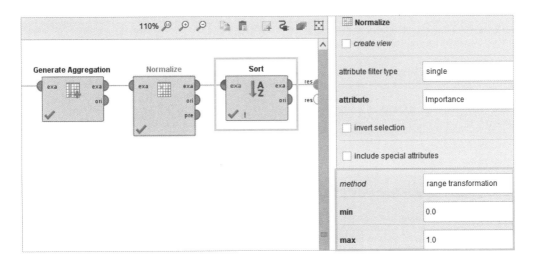

ExampleSet (Sort) ✕

Open in Turbo Prep Auto Model

Row No.	Importance	Attribute	average(We...
1	1	Sensor_7	0.376
2	0.918	Sensor_6	0.310
3	0.877	Sensor_8	0.306

5-6 機器維修預測（2）

✣ 目的

將機器故障情形與感應器記錄作為訓練資料，以 **K-NN** 模型預測其它機器是否將會發生故障，以預先安排維修工作。

✣ 操作步驟

1 於空白流程重新下載 Reference Data，加入 **Optimize Parameters (Grid)**，於次流程加入 **Cross Validation**，勾選「use local random seed」，於次流程加入 **K-NN**、**Apply Model** 與 **Performance**。[16]

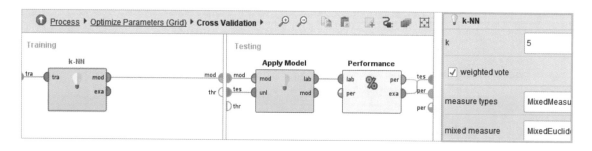

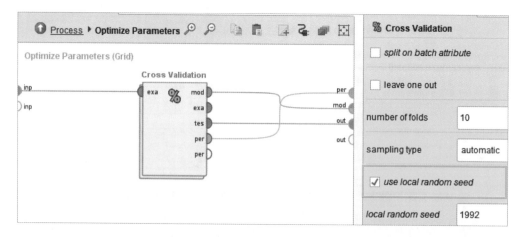

---

[16] 當 **Optimize Parameters (Grid)** 之次流程使用 **Cross Validation** 時，勾選 use local random seed 可使樣本固定，避免多次執行時，由於隨機抽樣不同，可能產生不同結果。

2 回主流程，在 **Optimize Parameters (Grid)** 之 Edit Parameters Settings 內，Operators 選擇 K-NN，將 Parameters 之 k 右移至 Selected Parameters。在 Grid/Range 之 Min、Max 與 Steps 分別寫入 (1、50 與 50)，選擇 1 至 50 間最佳的 K 值 (最近鄰居數量)。

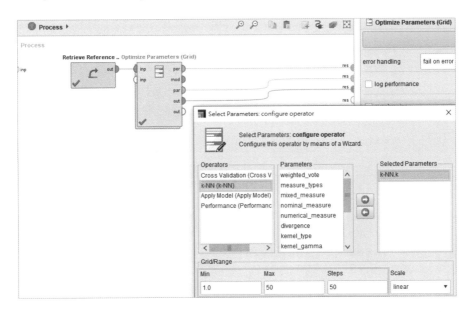

3 執行程式，檢視 ParameterSet，顯示 accuracy 為 70.38%、precision 71.39%、recall 81.43%、AUC 0.740，最佳之 K 值為 31。

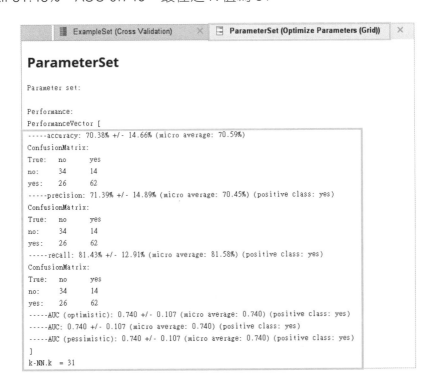

4 下載 New Data，檢視內含 136 台機器之感應器數據，加入 **Apply Model** 與 **Sort**，對 confidence (yes) 由大至小排序。

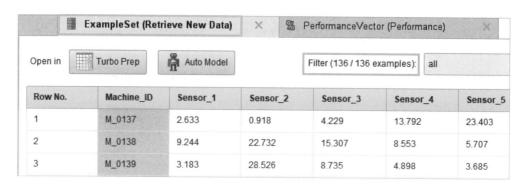

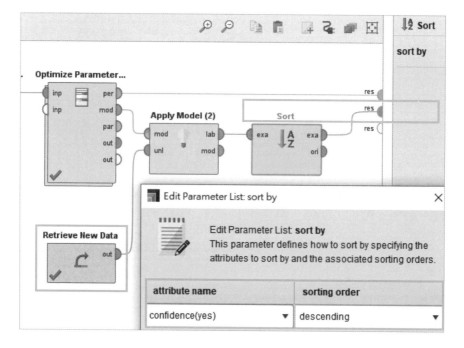

5 執行程式，檢視最可能發生故障的機器為 M_0239，其 confidence (yes) 達 0.903。

Row No.	Machine_ID	prediction(Failure)	confidence(no)	confidence(yes)	Sensor_1	Sensor_2
1	M_0239	yes	0.097	0.903	1.691	2.964
2	M_0221	yes	0.128	0.872	2.734	3.075
3	M_0223	yes	0.128	0.872	1.847	2.386

5-7 移動平均與趨勢

❖ 目的

檢視 S&P 500 的移動平均 (Moving Average) 及線性與非線性趨勢 (Linear and Non-linear trend)。

❖ 操作步驟

1 以 **Read Excel** 下載 S&P 500 資料，檢視 1,825 筆股價指數資料。

Open in	Turbo Prep	Auto Model	Filter (1,825 / 1,825 examples):	all

Row No.	Date	Open	High	Low	Close
1	Jan 4, 2010	1116.560	1133.870	1116.560	1132.990
2	Jan 5, 2010	1132.660	1136.630	1129.660	1136.520
3	Jan 6, 2010	1135.710	1139.190	1133.950	1137.140

2 加入 **Set Role** 設定 Close 為 label，加入 **Select Attributes** 選擇「Close (收盤價) 與 Date」，勾選「also apply to special attributes」。

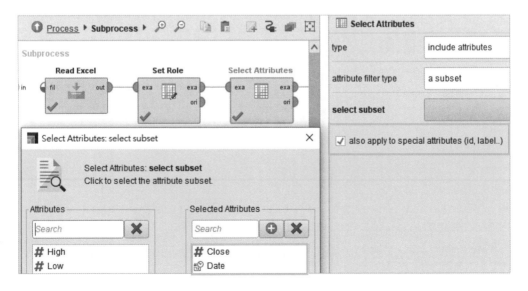

3 加入 **Multiply** 與 **Moving Average**，在 attribute name 選擇「Close」，在 window width 寫入「50」。執行程式，檢視 Close 與其 50 日移動平均線圖形。[17]

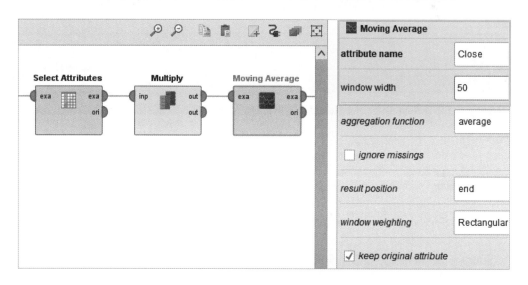

---

17 如將 **Moving Average** 之 aggregation function 的 average 改為 variance，可檢視每 50 日 S&P 500 的波動風險 (變異數) 的改變情形。

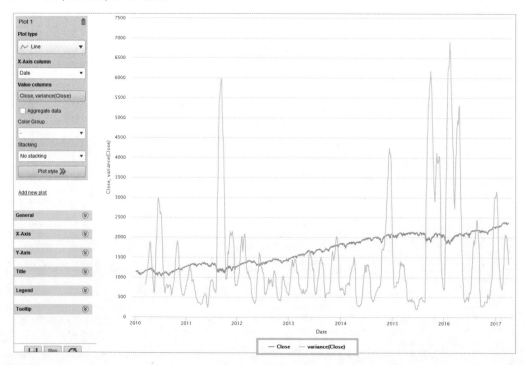

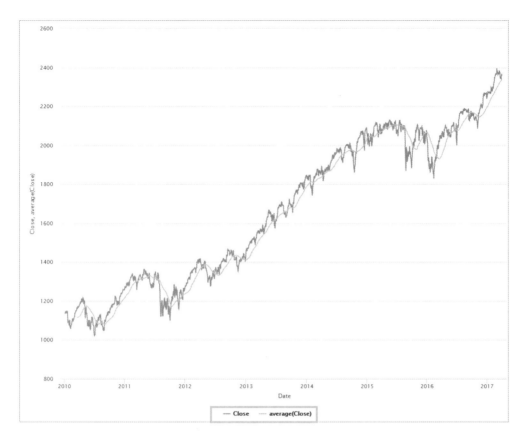

4. 加入一新的 **Moving Average** 與 Multiply 連線，將 Close 的 window width 設為「20」。加入兩個 **Rename**，將兩個 average (Close) 分別更名為「MA 50」與「MA 20」。

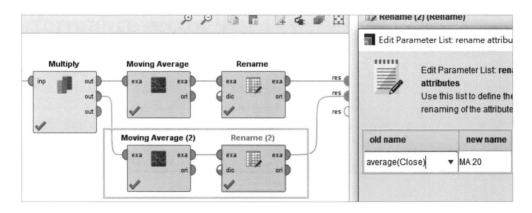

5 加入 **Join** 以 Date 為 key attributes 連結兩個樣本集，執行程式，以拖曳方式擷取部分圖形，顯視 MA 50 較 MA 20 更為平滑。[18]

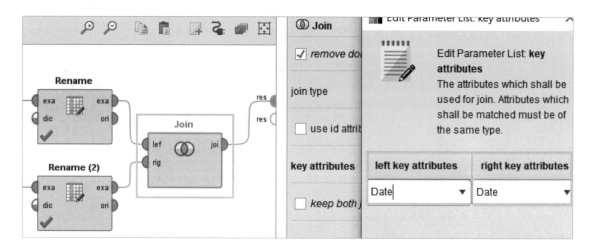

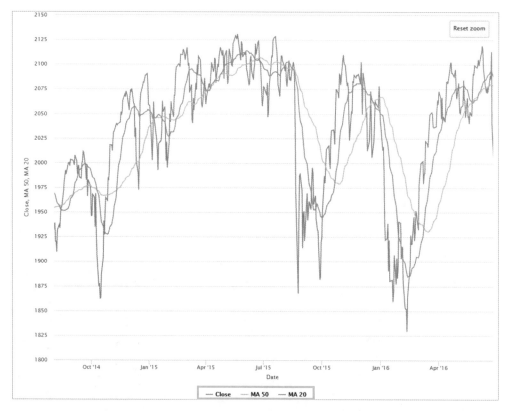

---

18 圖形支持技術分析所敘述，當短天期 MA 向上穿越長天期 MA 時，股價會上揚。而當短天期 MA 向下穿越長天期 MA 時，股價會下跌。

6 加入 **Subprocess**，將所有運算式剪下貼入次流程並停用其功能。重新讀入原 excel 資料檔，加入 **Generate ID** 與 **Set Role**，設定 id 為「regular」，Close 為「label」。加入 **Select Attributes**，選擇「Close、Date 與 id」，勾選「also apply to special attributes」。執行程式，檢視 id 為 1 至 1,825 之數值。

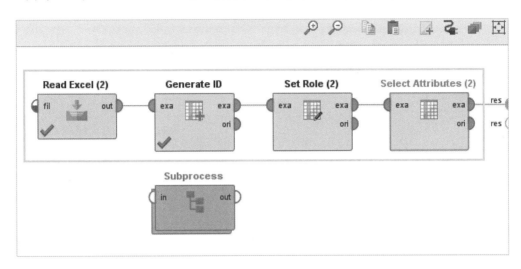

Row No.	Close	Date	id
1	1132.990	Jan 4, 2010	1
2	1136.520	Jan 5, 2010	2
3	1137.140	Jan 6, 2010	3

7 加入 **Linear Regression**、**Apply Model** 與 **Performance (Regression)**。執行程式，檢視線性趨勢圖形，其均方根誤差 RMSE 為 92.894。

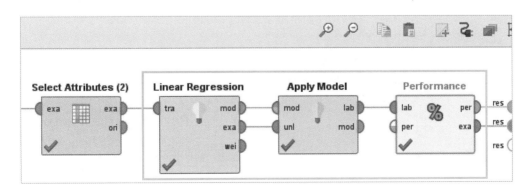

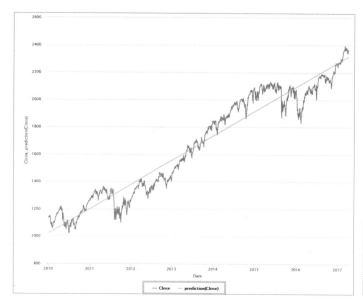

PerformanceVector

PerformanceVector:
root_mean_squared_error: 92.894 +/- 0.000

練習 5-7-1

如將 **Linear Regression** 改為 **Neural Net**，結果會如何改變？

[解答]

修改後，趨勢線 (prediction (Close) 由直線變為非線性的曲線，RMSE 降為 63.566，顯示非線性的模型預測結果較線性為佳。

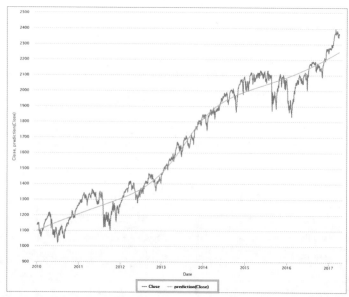

PerformanceVector

PerformanceVector:
root_mean_squared_error: 63.566 +/- 0.000

5-8 公司財報與股價

❖ 目的

以數值序列視窗 (Value Series) **Windowing** 與滑動視窗驗證 **Sliding Window Validation**，以公司期財務報表資料預測股價與走勢。

❖ 操作步驟

1. 以 **Read Excel** 讀取 financial data，檢視某公司 2008 年第 2 季至 2020 年第 4 季之季平均收盤價 (Close) 與 5 項財報資料 (共 51 季)。[19]

Row No.	Close	稅後淨利率	每股稅後盈餘 (元)	資產報酬率	應收帳款週轉率 (次/年)	負債總額 (%)	Date
1	18.363	8.550	0.190	0.870	6.960	15.210	Jun 1, 2008
2	13.381	6.160	0.110	0.640	6.540	11.820	Sep 1, 2008
3	8.235	119	1.790	10.600	6.910	11.430	Dec 1, 2008
4	8.574	76.130	0.640	3.960	5.370	11.120	Mar 1, 2009

2. 加入 **Set Role** 將 Date 設為「id」。加入 (Value Series) **Windowing** (白色)，於 window size 與 step size 寫入「1」，勾選「create label」，於 label attribute 選擇「Close」，於 horizon 寫入「1」。執行程式，顯示以各變數當期值 (-0) 預測下一期的收盤價 (label)，樣本數減少為 50 個。[20]

---

19 第 1、2、3、4 季分別由 Mar 1、Jun 1、Sep 1、Dec 1 表示。

20 **Windowing** 與 **Sliding Window Validation** 有兩種類型 Value Series (數值序列，如右圖顯示) 及 Time Series (時間序列)。由於季資料 (Mar 1、Jun 1、Sep 1、Dec 1) 為不連續月份，故本例使用前者，此時不需時間變數，所以將 Date 設為 id。Window size 為視窗大小，設為 1 是以落後一期值為解釋變數，設為 2 則是以落後兩期值為解釋變數。Step size 是指每個 window 間的距離，設為 1 表示各 window 為連續，設為 2 則表示 window 之間間隔一期。horizon 是預測的距離，設為 1 表示預測下一期的值，設為 2 則是預測下下期的值。

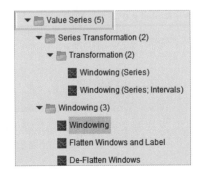

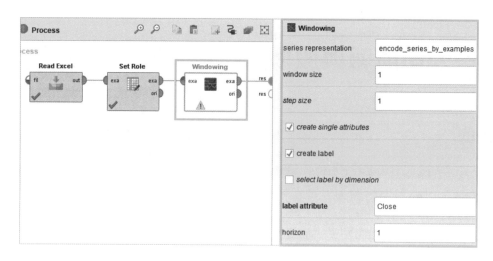

Row No.	Date	label	Close-0	稅後淨利率-0	每股稅後盈餘 (元)-0
1	Jun 1, 2008	13.381	18.363	8.550	0.190
2	Sep 1, 2008	8.235	13.381	6.160	0.110
3	Dec 1, 2008	8.574	8.235	119	1.790

3. 加入 **Remove Correlated Attributes**，刪除相關係數 > 0.95 之變數。加入 **Optimize Parameters (Grid)**，於次流程加入 (Value Series) **Sliding Window Validation** (黃色)，於 training window width、training window step size、test window width 與 horizon 分別輸入「20、1、10 與 1」，於次流程加入 **Linear Regression**、**Apply Model** 與 **Performance (Regression)**。[21]

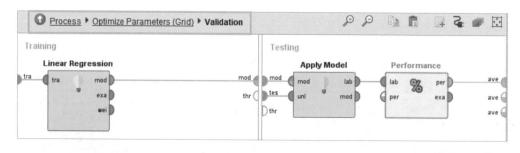

---

[21] (Value Series) **Sliding Window Validation** 是依據完成 Windowing 後之資料以滑動視窗的方式進行迭代驗證，其績效 (performance) 為逐次滑動視窗的平均值。Training window width 是訓練視窗大小，training window step size 是迭代運算訓練視窗移動的距離，test window width 是測試視窗大小，horizon 為訓練與測試視窗之間的距離。

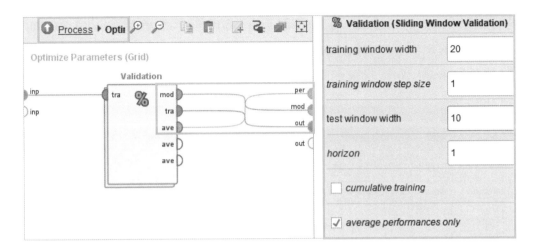

4 回主流程之 **Optimize Parameters (Grid)**，於 Edit Parameter Settings 選擇 Validation training_window_width 輸入「Min 1、Max 20 與 Steps 20」，於 Validation testing_window_width 輸入「Min 1、Max 10 與 Steps 10」，找出最佳的訓練與測試資料範圍。

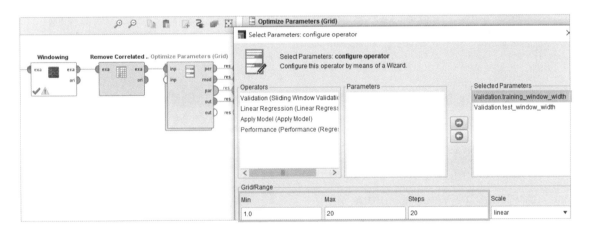

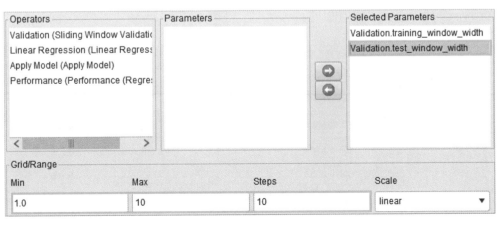

5 執行程式，由最小誤差均方根 RMSE 1.637 顯示，最佳 Validation training_window_width 與 Validation testing_window_width 皆為 1。回歸結果顯示當季的股價 (Close-0)、每股稅後盈餘 -0 與負債總額 -0，都會顯著正向影響下一季的股價 (label)。

sult History		Optimize Parameters (Grid)	×

Optimize Parameters (Grid) (200 rows, 4 columns)

iteration	Validation.training_window_width	Validation.test_window_width	root_mean_squared_error ↑
1	1	1	1.637
15	15	1	1.712
13	13	1	1.795

Attribute	Coefficient	Std. Error	Std....	Tole...	t-Stat	p-Value	Code
Close-0	1.200	0.168	0.687	0.999	7.135	0.000	****
每股稅後盈餘 (元)-0	4.708	1.501	0.316	0.984	3.136	0.003	***
負債總額 (%)-0	0.081	0.037	0.224	1.000	2.214	0.032	**
(Intercept)	-6.206	2.607	?	?	-2.380	0.022	**

6 加入 **Apply Model**，執行程式，檢視實際股價 label 與預測股價 prediction (label)。點選 Visualization，設定 X-Axis column 為「Date」，Value columns 為「label 與 prediction (label)」，檢視下一季實際與預測股價圖形。

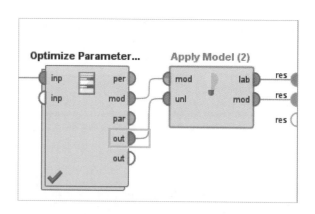

Open in	Turbo Prep	Auto Model	Filter (50 / 50 examples):	all	

Row No.	Date	label	prediction(label)	Close-0	稅後淨利率-0
1	Jun 1, 2008	13.381	17.948	18.363	8.550
2	Sep 1, 2008	8.235	11.320	13.381	6.160
3	Dec 1, 2008	8.574	13.025	8.235	119

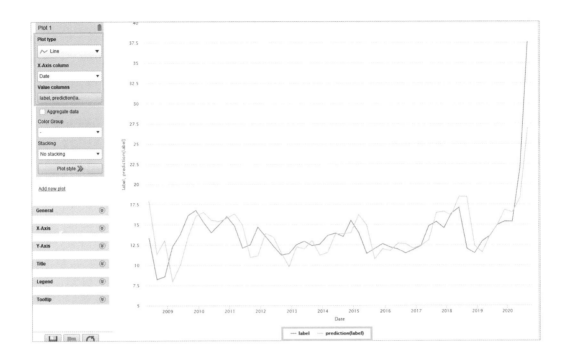

練習 5-8-1

依據該公司最後一筆 2020 年第 4 季資料,以訓練出的模型,預測 2021 年第 1 季的平均股價。

解答

① 加入 **Rename by Replacing**,連線 **Windowing** 之 ori,在 replace what 輸入「(.+)」,在 replace by 輸入「$1-0」,檢視將原始 51 筆資料更名後之結果。[22]

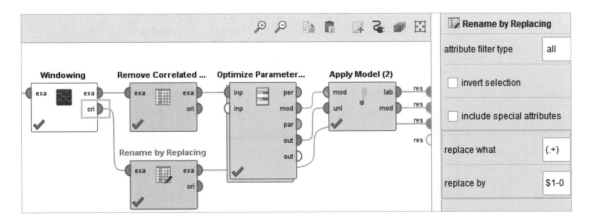

---

22 將原始資料所有變數更改名稱 (後加 -0),使訓練出的模型可以辨識為當季資料。此方式適用於當視窗為落後一期時,如視窗為落後多期時,參考 5-10 節作法。

Row No.	Date	Close-0	稅後淨利率-0	每股稅後盈餘 (元)-0	資產報酬率 -0	應收帳款週轉率 (次/年)-0	負債總額 (%)-0
1	Jun 1, 2008	18.363	8.550	0.190	0.870	6.960	15.210
2	Sep 1, 2008	13.381	6.160	0.110	0.640	6.540	11.820
3	Dec 1, 2008	8.235	119	1.790	10.600	6.910	11.430

2 加入一新的 **Apply Model**，連線後執行程式，其中第 51 筆顯示 2020 第 4 季對下一季 (2021 第 1 季) 平均股價預測為 46.342。[23]

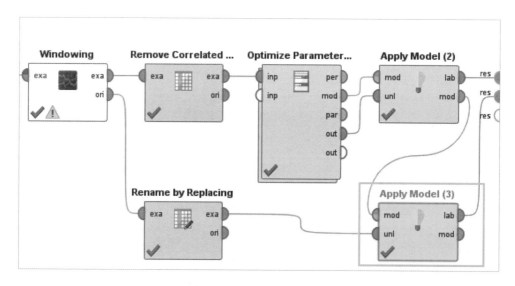

48	Mar 1, 2020	16.511	15.394	2.910
49	Jun 1, 2020	18.315	15.378	13.630
50	Sep 1, 2020	26.965	21.972	20.080
51	Dec 1, 2020	46.342	37.622	24.040

ExampleSet (51 examples, 2 special attributes, 6 regular attributes)

---

23 比較 Apply Model (2) 與 Apply Model(3)，顯示前 50 季的預測結果 prediction(label) 皆相同。

5-9　處裡視窗資料

❖ 目的

以 **Process Windows** 處理休士頓 (Houston) 每小時天氣資料並轉換為日資料。[24]

❖ 操作步驟

① 以 **Read Excel** 下載 Houston hourly data，檢視 9,432 筆休士頓每小時紀錄之時間 (datetime) 與 6 個天氣指標，humidity 濕度、pressure 氣壓、temperature 氣溫、weather_description 天氣狀況、wind_speed 風速與 wind_direction 風向。Statistics 顯示 wind_speed 有兩個遺漏值。

Open in	Turbo Prep	Auto Model		Filter (9,432 / 9,432 examples):
Row No.	**datetime**	**humidity**	**pressure**	**temperature**
1	Nov 1, 2016 1:00:00 PM CST	92	1026	292.719
2	Nov 1, 2016 2:00:00 PM CST	81	1026	297.660
3	Nov 1, 2016 3:00:00 PM CST	81	1026	297.660

∨	**weather_description**	Nominal	0	Least volcanic ash (1)
∨	**wind_speed**	Integer	2	Min 0
∨	**wind_direction**	Nominal	0	Least WNW (170)

24　參考 Elaborate Your Time Series Analysis https://www.youtube.com/watch?v=Hvdh8ltfiGA，資料整理自 Kaggle 平台 Historical Hourly Weather Data 2012-2017 https://www.kaggle.com/selfishgene/historical-hourly-weather-data。

2 加入 **Replace Missing Values (Series)** 取代時間序列之遺漏值，在 replace type numerical 選擇「average」，以 wind_speed 前後期之平均值取代遺漏值。

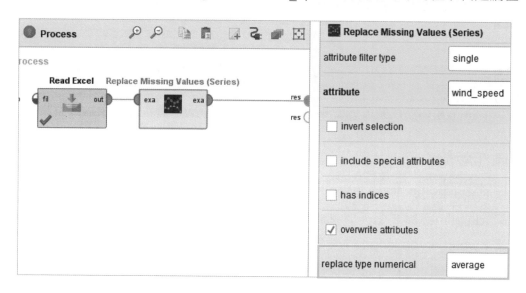

3 加入 **Generate Attribute**，於 Edit List 將原始之 Kelvin 溫度減 273.15 轉換為攝氏溫度。[25]

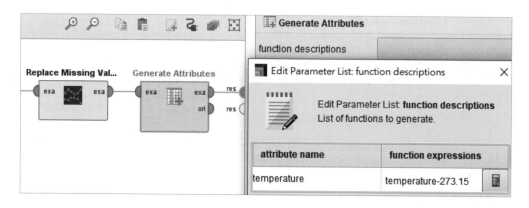

weather_description	wind_direction	wind_speed	temperature
broken clouds	E	1	19.569
broken clouds	ESE	3	24.510
broken clouds	ESE	3	24.510

---

[25] 有關 Kelvin 溫度及其如何轉換為其他溫度，參考 https://zh.wikipedia.org/zh-tw/%E5%BC%80%E5%B0%94%E6%96%87。

4 加入 **Process Windows**，完成以下「window size = 24」等設定，並於次流程
直接連線 win 與 out。

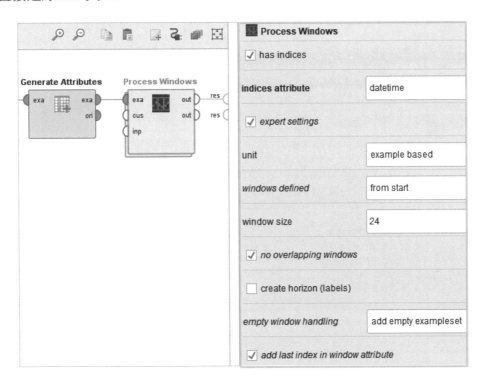

5 執行程式，檢視每一視窗 (ExampleSet) 中涵蓋 24 小時 (從當日 1PM 到次日
12PM) 的資料，以及該視窗的最後時間 (Last datetime in window)。

Row No.	datetime	Last datetime in window	humidity
1	Nov 1, 2016 1:00:00...	Nov 2, 2016 12:00:00 PM CST	92
2	Nov 1, 2016 2:00:00...	Nov 2, 2016 12:00:00 PM CST	81
3	Nov 1, 2016 3:00:00...	Nov 2, 2016 12:00:00 PM CST	81

6 回到次流程加入 **Extract Mode** 以取出眾數，選擇 weather_description、wind_direction 與 wind_speed，勾選「add time series name 與 ignore invalid values」。檢視每 24 小時中，出現頻率最多 (.mode_order_1) 的天氣狀況、風向與風速。[26]

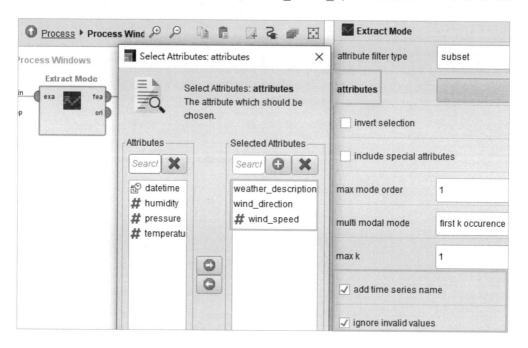

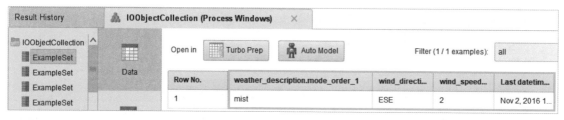

7 加入 **Extract Aggregates**，與原始資料 ori 連線，選擇「humidity、pressure 與 temperature」共 3 個數值型變數，勾選「mean、add time series name 與 ignore invalid values」。執行程式，檢視每 24 小時之平均 (.mean) 濕度、氣壓與氣溫值。

---

26 **Extract Mode** 為找出時間序列中出現頻率最多 (k = 1) 的文字或數值，如在第一個 24 小時中，最普遍的天氣狀況為薄霧 (mist)，風速為 2，風向為東南東 (ESE) 風。

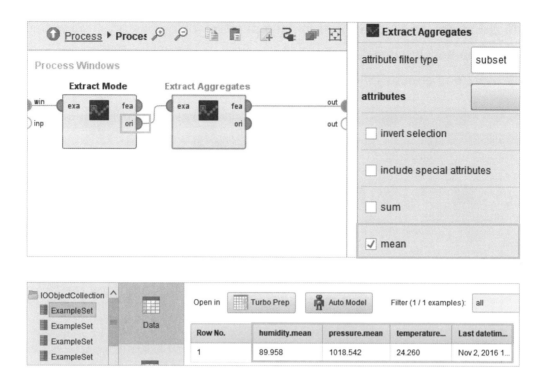

8 加入 **Differentiate**，與 ori 連線，選擇「temperature」計算氣溫一階溫差，消取勾選「overwrite attributes」。執行程式，檢視 24 小時每小時之溫差 temperature_differentiated（無第一筆溫差資料）。

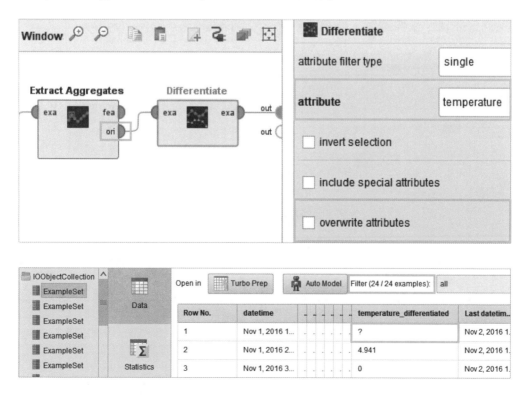

⑨ 加入 **Extract Aggregates**，選擇「temperature_differentiated」，勾選「sum、add time series name 與 ignore invalid values」。執行程式，檢視每 24 小時之溫差和 (temperature_differentiated.sum)。

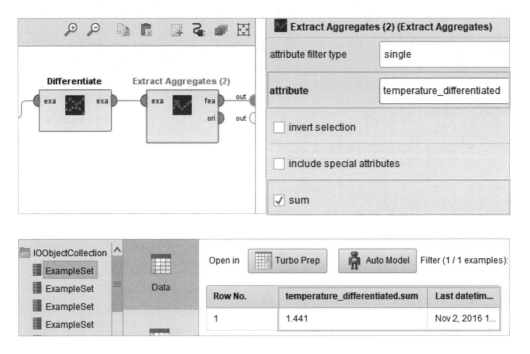

⑩ 加入 **Merge Attributes**，檢視每 24 小時 7 個變數值 (出現頻率最多的天氣狀況、風向、風速、平均濕度、氣壓、氣溫以及溫差和)。

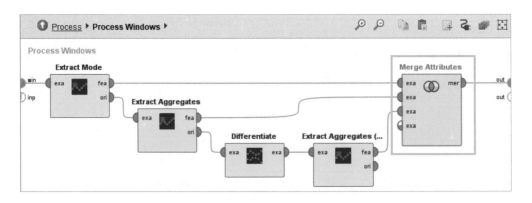

11 回主流程加入 **Append**，檢視將 393 個 24 小時 (Nov 2, 2016 至 Nov 29, 2017) 資料合併後的結果。

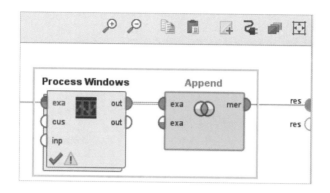

pressure.mean	temperature.mean	temperature_differentiated.sum	Last datetim...
1018.542	24.260	1.441	Nov 2, 2016 1...
1019.917	25.062	1	Nov 3, 2016 1...
1022.042	24.640	-0.720	Nov 4, 2016 1...

Filter (393 / 393 examples): all

12 加 入 **Rename by Replacing**， 在 replace what 輸 入「.mode_order_1|. mean|ferentiated.」，repace by 保留空白，將 7 個變數名稱簡化 (刪除變數名稱 中 .mode_order_1 與 .mean，並將 differentiated.sum 改為 difsum)。[27]

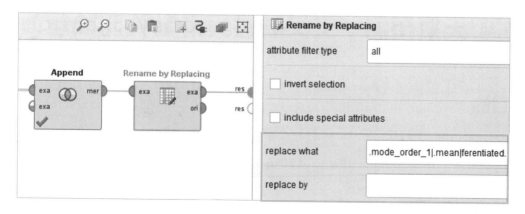

---

27 正規表示式 | 與 || 表「或」(OR)，& 與 && 表「且」(AND)。狀況 1& 狀況 2：檢查兩者即使第 1 個 狀況為錯誤。狀況 1&& 狀況 2：不須檢查第 2 個如果第 1 個狀況為錯誤。狀況 1| 狀況 2：檢查兩 者即使第 1 個狀況為正確。狀況 1|| 狀況 2：不須檢查第 2 個如果第 1 個狀況為正確。參考 https:// stackoverflow.com/questions/35301/what-is-the-difference-between-the-and-or-operators。

⑬ 加入 **Rename**，將 Last datetime in window 名稱簡化為「Datetime」，檢視簡化後之結果。加入 **Write Excel**，將 24 小時（日）資料另存新檔（檔名 Houston daily data）。[28]

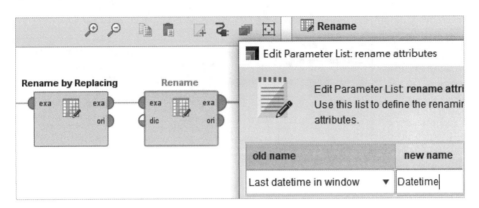

pressure	temperature	temperature_difsum	Datetime
1018.542	24.260	1.441	Nov 2, 2016 1..
1019.917	25.062	1	Nov 3, 2016 1..
1022.042	24.640	-0.720	Nov 4, 2016 1..

5-10 天氣預測：交叉驗證與滑動視窗驗證

✛ 目的

使用 Houston 每日 (24 小時) 天氣資料，利用交叉驗證 Cross Validation 與時間序列滑動視窗驗證 (Time Series) **Sliding Window Validation** 進行溫度預測。

---

28 其中 weather_description、wind_speed 與 wind_direction 為 24 小時期間之眾數 (出現最多之數值 / 文字)，humidity、pressure 與 temperature 為 24 小時之平均數，temperature_difsum 為 24 小時之溫差和。

❖ 操作步驟

1️⃣ 以 **Read Excel** 下載 393 天 (Nov 2, 2016 至 Nov 29, 2017) Houston 7 個天氣資料變數 (檔名 Houston daily data)，加入 (Time Series) **Windowing** (藍色)，完成以下設定。檢視減去 window size 7 後剩餘的 386 個樣本 (Nov 8, 2016 至 Nov 28, 2017)。以當日及過去 6 日 (-0…-6) 的資料 (共 7 * 7 = 49 個一般變數)，預測下一日的氣溫 (temperature +1 (horizon))。[29]

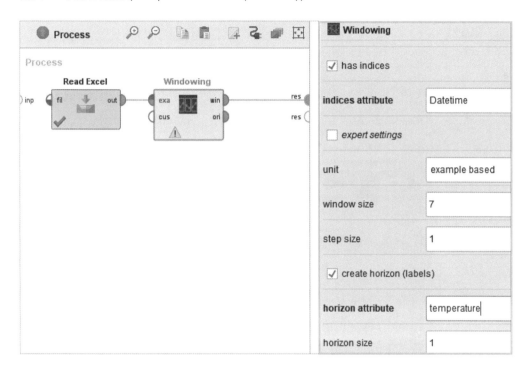

Last Datetime in window	temperature + 1 (horizon)	weather_description - 6	weather_description - 5
Nov 8, 2016 12:00:00 PM CST	19.797	mist	mist
Nov 9, 2016 12:00:00 PM CST	19.279	mist	overcast clouds
Nov 10, 2016 12:00:00 PM CST	17.528	overcast clouds	overcast clouds

---

29 由於是預測次一日的值，386 個樣本中，最後一天的日期變為 Nov 28, 2017。當使用 (Time Series) **Windowing**，如 horizon size > 1 時，會出現不同期的 horizon 結果，此時需另設定何者為 label，方可執行預測。

2 加入 **Cross Validation**，於次流程加入 **Deep Learning**，勾選「reproducible (uses 1 thread)」以取得一致結果，加入 **Apply Model**、**Performance (Regression)**，勾選「root mean squared error」與「squared correlation」。

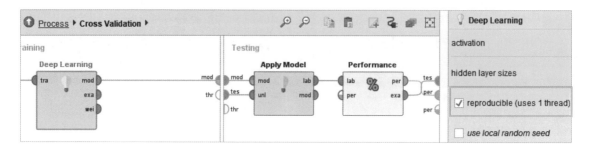

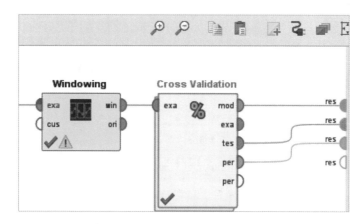

3 執行程式，對 Last Datetime in window 由近至遠排序，檢視次日氣溫實際值 (temperature + 1 (horizon)) 與預測值 prediction (temperature + 1 (horizon)) 及其圖形。RMSE 為 2.875，模型解釋能力 squared_correlation 為 0.769。

Turbo Prep	Auto Model		Filter (386 / 386 examples):	all
Last Datetime in window ↑	**temperature + 1 (horizon)**	**prediction(temperature + 1 (horizon))**	**weather_description - 6**	
Nov 8, 2016 12:00:00 PM CST	19.797	20.923	mist	
Nov 9, 2016 12:00:00 PM CST	19.279	18.122	mist	
Nov 10, 2016 12:00:00 PM CST	17.528	16.626	overcast clouds	

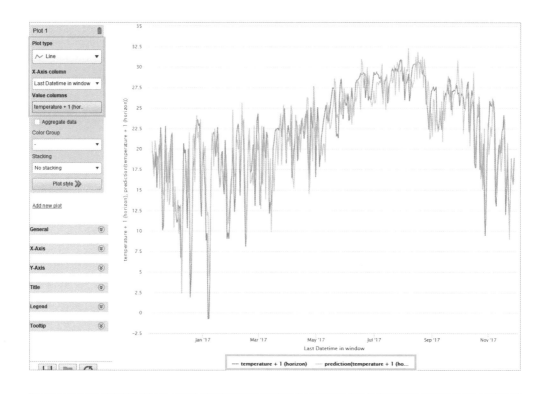

PerformanceVector

```
PerformanceVector:
root_mean_squared_error: 2.875 +/- 0.319 (micro average: 2.889 +/- 0.000)
squared_correlation: 0.769 +/- 0.068 (micro average: 0.768)
```

4 複製貼上 **Windowing**，取消勾選「create horizon (label)」，與原 **Windowing** 之 ori 連線。執行程式，由於沒有建立次一日氣溫 label 變數，因此增加了第 387 個原來 Mar 29, 2017 的樣本。

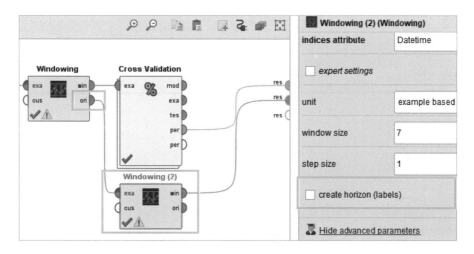

Open in	Turbo Prep	Auto Model		Filter (387 / 387 examples):	all

Row No.	Last Datetime in window ↓	weather_de...	weather_de...
387	Nov 29, 2017 12:00:00 PM CST	sky is clear	sky is clear
386	Nov 28, 2017 12:00:00 PM CST	overcast clou...	sky is clear
385	Nov 27, 2017 12:00:00 PM CST	sky is clear	overcast clou...

5️⃣ 加入 **Apply Model**，連線後執行程式，視窗中第 387 筆的 prediction (temperature＋1 (horizon))，此即是對次一日 Nov 30, 2017 的預測溫度 (20.229)。[30]

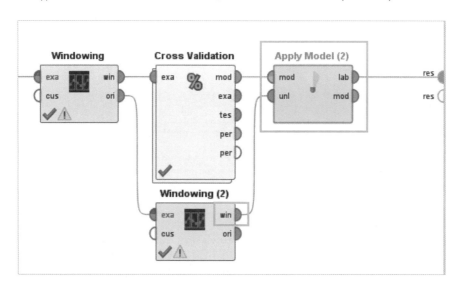

Open in	Turbo Prep	Auto Model		Filter (387 / 387 examples):	all

Row No.	Last Datetime in window ↓	prediction(temperature + 1 (horizon))	weather_description - 6
387	Nov 29, 2017 12:00:00 PM CST	20.229	sky is clear
386	Nov 28, 2017 12:00:00 PM CST	17.351	overcast clouds
385	Nov 27, 2017 12:00:00 PM CST	14.547	sky is clear

---

30 本例是依據 Cross Validation 輸出之 mod(對所有樣本訓練產生的模型)，預測 387 筆資料，而 tes 則顯示合併 10 次驗證運算的預測值，兩者結果會有些差異。參考 Cross Validation 之 Output 說明 https://docs.rapidminer.com/latest/studio/operators/validation/cross_validation.html)。

練習 5-10-1

以 (時間序列) 滑動視窗驗證 (Time Series) **Sliding Window Validation** 取代 **Cross Validation**，檢視氣溫預測結果。

解答

1. 保留 Excel 資料與 **Windowing**，加入 (Time Series) **Sliding Window Validation**，於次流程加入 **Deep Learning**，勾選「reproducible」，加入 **Apply Model** 與 **Performance (Regression)**，勾選「RMSE 與 squared correlation」。回主流程，完成以下 (Time Series) **Sliding Window Validation** 設定。[31]

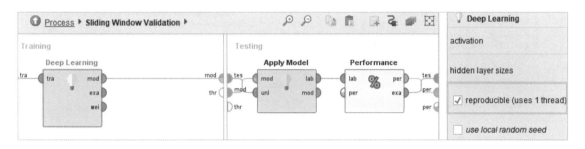

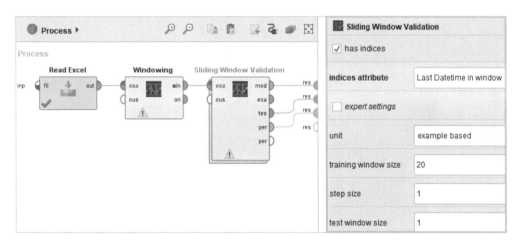

---

31 (Time Series) **Sliding Window Validation** 具有時間 (Date) 變數，Training window size 是訓練視窗大小，step size 是每次迭代運算訓練視窗移動的距離，test window width 是測試視窗大小。迭代運算直到最後樣本，其輸出之 mod 是最後一次運算產生的模型，參考 https://docs.rapidminer.com/9.9/studio/operators/modeling/time_series/validation/sliding_window_validation.html。

2 執行程式，RMSE 為 2.758，squared correlation 為 0.633 (micro average)。對 Last Datetime in window 排序，最後一日日期為 Nov 28, 2017，樣本數減少為 366 個 (386 - training window size 20)，檢視實際與預測溫度值與圖形。

PerformanceVector

PerformanceVector:

root_mean_squared_error: 2.758 +/- 2.499 (micro average: 3.720 +/- 0.000)

squared_correlation: 0.000 +/- 0.000 (micro average: 0.633)

Last Datetime in window ↓	temperature + 1 (horizon)	prediction(temperature + 1 (horizon))	weather_description - 6
Nov 28, 2017 12:00:00 PM CST	18.948	23.577	overcast clouds
Nov 27, 2017 12:00:00 PM CST	15.668	13.880	sky is clear
Nov 26, 2017 12:00:00 PM CST	16.339	23.585	sky is clear

Turbo Prep · Auto Model · Filter (366 / 366 examples): all

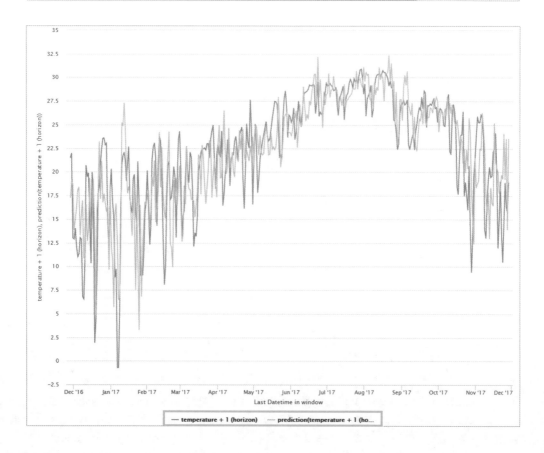

3 複製貼上 **Windowing**，取消勾選「create horizon (label)」，與原 **Windowing** 之 ori 連線。加入 Apply Model，連線後執行程式，檢視第 387 筆 (Nov 29, 2017) 對次一日 (Nov 30, 2017) 的預測溫度為 23.117。[32]

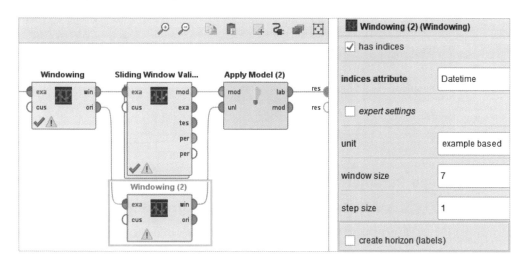

Row No.	Last Datetime in window ↓	prediction(temperature + 1 (horizon))	weather_description - 6
387	Nov 29, 2017 12:00:00 PM CST	23.117	sky is clear
386	Nov 28, 2017 12:00:00 PM CST	18.964	overcast clouds
385	Nov 27, 2017 12:00:00 PM CST	15.578	sky is clear

5-11 天氣預測：ARIMA 模型

❖ 目的

以單變量 **ARIMA** (差分整合移動平均自迴歸) 模型預測城市氣溫。

---

32 由於 (Time Series) **Sliding Window Validation** 是使用最近期訓練資料 (training window size 為 20 天) 所得到的模型對次日進行溫度預測，其與 **Cross Validation** 以所有樣本訓練得到的模型來作預測結果不同。

❖ 操作步驟

1 以 **Read Excel** 讀取 Houston daily data，以 **Select Attributes** 選擇「Datetime
與 temperature」。

Row No.	temperature	Datetime
1	24.260	Nov 2, 2016 1...
2	25.062	Nov 3, 2016 1...

Open in [Turbo Prep] [Auto Model]   Filter (393 / 393 examples):

2 加入 **Optimize Parameters (Grid)**，於次流程加入 **Forecast Validation**，再
於次流程分別加入 **ARIMA** 與 **Performance (Regression)**，勾選「root mean
squared error 與 squared correlation」。先後完成以下 **Forecast Validation** 與
ARIMA 設定。[33]

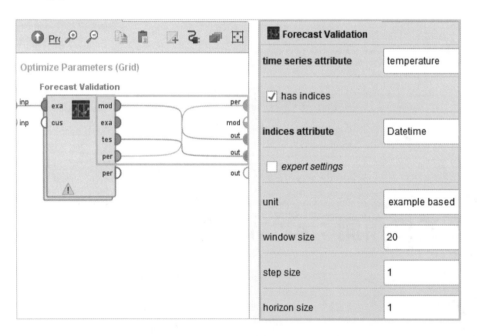

---

33 **Forecast Validation** 類似 (Time Series) **Sliding Window Validation**，但次流程不需加 **Apply Model**，
其 window size 與 horizon size 分別表訓練與測試視窗大小。**ARIMA** (p、d、q) 為時間序列單一變
數模型，其中 AR 表自我回歸 (auto regression)、I 表差分 (differencing)、MA 表移動平均 (moving
average，此處與一般統計上講的移動平均名稱相同但意義不同)。p、d 與 q 為分別之參數值，一般以
最小之 AIC 或 RMSE 等標準決定，參考 https://ithelp.ithome.com.tw/articles/10252815。

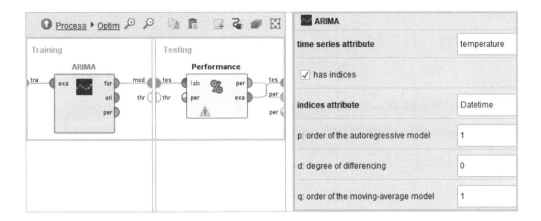

3 回主流程，完成 **Optimize Parameters** (Grid) 連線 (mod 不可連線輸出)。於 Edit Parameters Settings 完成 p (Min 1、Max 7、Steps 7)，d (Min 0、Max 2、Steps 3) 與 q (Min 0、Max 5、Steps 6) 之設定。[34]

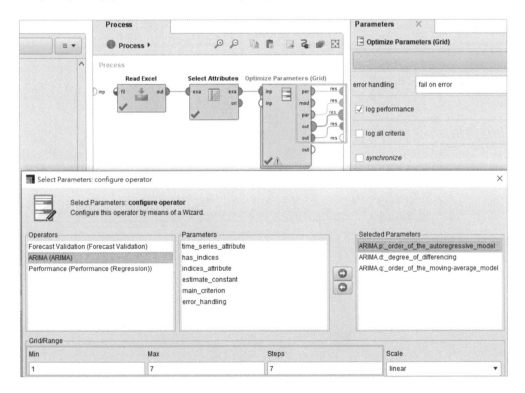

---

34 在使用 **Optimize Parameters (Grid)** 決定最佳 p、d、q 時，p 之最小值不可設為 0 (自我回歸 AR 項之 p 至少為 1)。

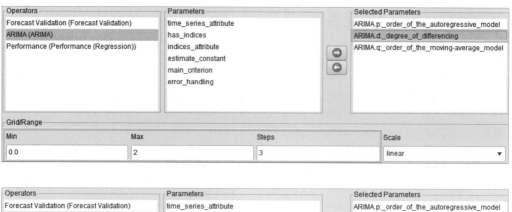

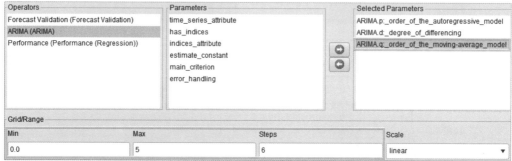

④ 加入 **Apply Forecast**，在 forecast horizon 輸入「5」。[35]

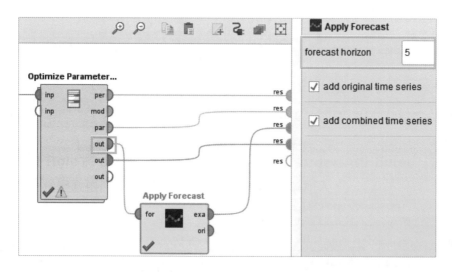

⑤ 執行程式，顯示 p = 2，d = 0，q = 0 為選擇之最佳參數，ARIMA (2、0、0) 為最佳模型。預測之 RMSE 為 2.190，而模型解釋力 squared_correlation (micro average) 為 0.739。

---

35 不同於 **Apply Model** 使用模型對樣本進行預測，**Apply Forecast** 利用 **Forecast Validation** 訓練出之模型，對時間序列預測其未來值。

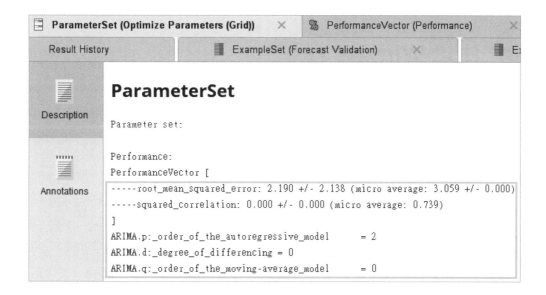

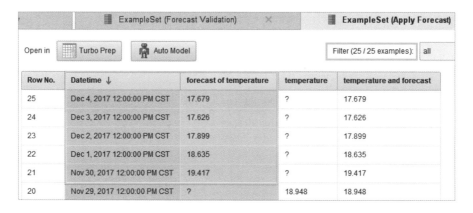

6 將 Datetime 由近至遠排序，檢視對未來 5 日 (Nov 30, 2017 至 Dec 4, 2017) 之氣溫預測值及圖形。

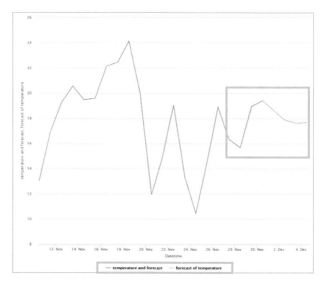

5-12 Holt-Winters 模型

❖ 目的

以單變量 **Holt-Winters** 模型預測中國大陸商品出口值。

❖ 操作步驟

1. 以 **Read Excel** 讀取 China quarterly export，檢視 Jan 1, 1992 至 Jul 1, 2022，共計 123 筆未經季節調整之季出口值。加入 **Generate Attributes**，於 function expressions 中輸入「[China Quarterly Export]/1000000」，將 China Quarterly Export 以百萬美元計，圖形顯示該時間序列具有趨勢性與季節性。[36]

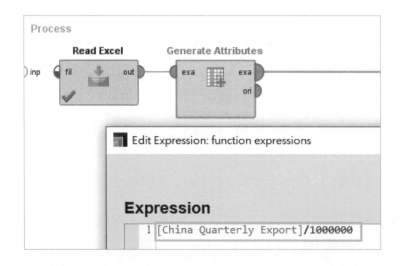

---

36 Jan 1、Apr 1、Jul 1 與 Oct 1，代表第 1、2、3、4 季，出口資料來源參考 https://fred.stlouisfed.org/series/XTEXVA01CNQ667N。

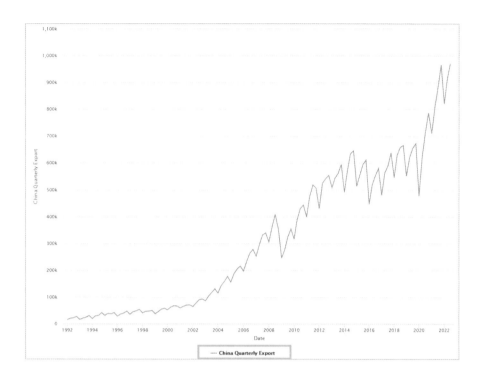

2 加入 **Optimize Parameters (Grid)**，於次流程加入 **Forecast Validation**，再
於次流程加入 **Holt-Winters** 與 **Performance (Regression)**，勾選「RMSE 與
squared correlation」，完成以下設定。[37]

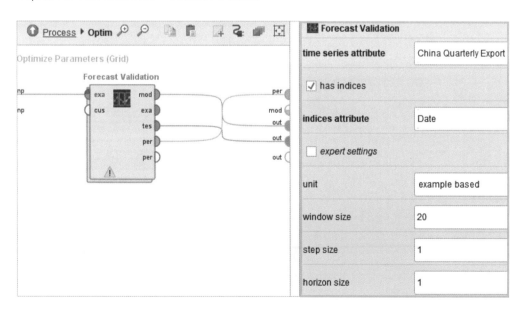

---

37 當時間序列具有趨勢與季節性時，使用 **Holt-Winters** 模型較 **ARIMA** 模型更為適合。由於是季資
料，period: length of one period 設為 4（一周期為 4 季），參考 https://ithelp.ithome.com.tw/m/
articles/10268105。

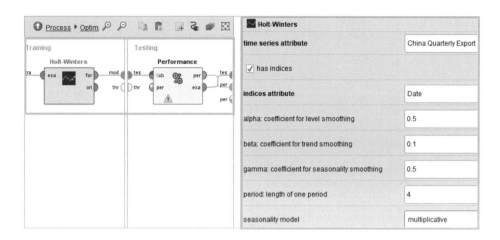

3️⃣ 回主流程，點選 **Optimize Parameters (Grid)**，於 Edit Parameter Settings 選擇對模型之「alpha、beta、gamma 與 seasonality」進行參數最佳化，各 Grid/Range 內容皆維持原設定值。[38]

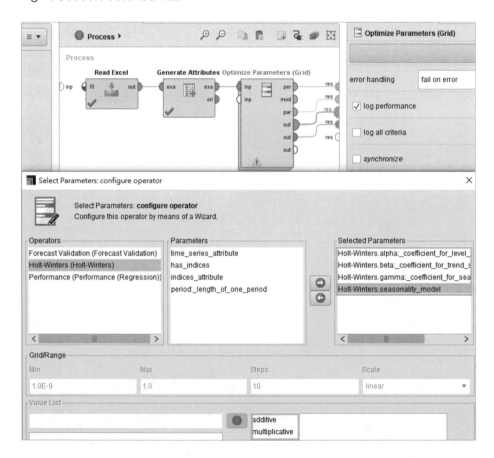

---

38 季節模型 Seasonality model 之選擇包含 additive (每季之差異為常數 constant) 或 multiplicative (每季之差異為乘積 factor)。

4 執行程式，對 Date 排序，檢視 103 季 (123 減 window size 20) 之實際與預測結果 forecast of China Quarterly Export、最佳參數值 (alpha = 0.9、beta = 0.0、gamma = 0.3 與 mode type 為 ADDITIVE)、預測績效 (RMSE = 16947.102，squared correlation = 0.990) 與實際與預測值圖形。

ExampleSet (Forecast Validation) ✕			HoltWintersModel (Holt-Winters)	
▦ Turbo Prep 🤖 Auto Model			Filter (103 / 103 examples):	all

Date ↑	China Quarterly Export	forecast of China Quarterly Export	forecast position	Last Date in window
Jan 1, 1997 12...	35534	34950.065	1	Oct 1, 1996 12:00:00...
Apr 3, 1997 12...	45298	42993.819	1	Jan 1, 1997 12:00:0...
Jun 30, 1997 1...	48215	46953.814	1	Apr 1, 1997 12:00:00...

HoltWintersModel

Forecast Model trained on the following time series:
Name of time series: China Quarterly Export   Name of indices Attribute: Date Number of values: 20

Resulting Forecast Model:
Holt-Winters Model (alpha: 0.9000000001, beta: 0.0, gamma: 0.3)
Period: 4, mode type: ADDITIVE

PerformanceVector

PerformanceVector:
root_mean_squared_error: 16947.102 +/- 19627.777 (micro average: 25859.497 +/- 0.000)
squared_correlation: 0.000 +/- 0.000 (micro average: 0.990)

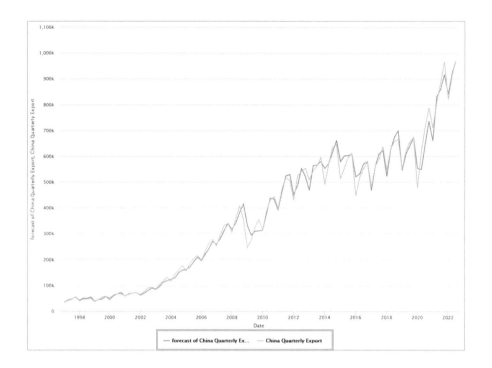

5 加入 **Apply Forecast**，預測未來 4 季 (2022 第 4 季至 2023 第 3 季) 的出口值，對 Date 由近至遠排序，檢視預測結果與圖形。

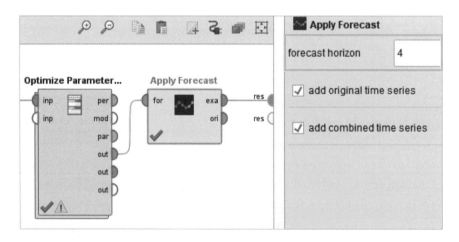

Row No.	Date ↓	forecast of China Quarterly Export	China Quarterly Export	China Quarterly Export and forecast
24	Jun 30, 2023 ...	975134.945	?	975134.945
23	Mar 31, 2023 ...	917209.479	?	917209.479
22	Dec 30, 2022 ...	835012.867	?	835012.867
21	Sep 30, 2022 ...	1005696.922	?	1005696.922
20	Jul 1, 2022 12:...	?	970640.094	970640.094

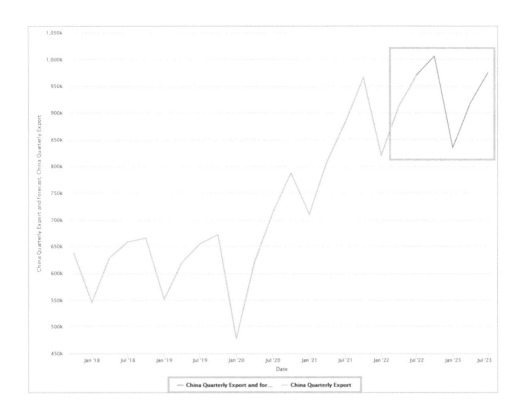

5-13 RFM 模型分析（1）

🔹 目的

依據顧客最近一次消費時間 R (Recency)、消費次數 F (Frequency) 與整體消費金額 M (Monetary) 進行顧客分群。

🔹 操作步驟

1 加入 **Read Excel**，於 Import Configuration Wizard 讀入 retail transaction 資料 9,937 筆，包含顧客 id、交易日期與交易數量。[39]

---

[39] 資料來源：修改自 Kaggle Retail Transaction Data https://www.kaggle.com/datasets/regivm/retailtransactiondata。

Row No.	customer_id	trans_date	tran_amount
1	CS1113	5-Sep-12	67
2	CS1113	8-Oct-12	95
3	CS1113	25-Jul-11	57

Open in [Turbo Prep] [Auto Model] Filter (9,937 / 9,937 examples):

2 加入 **Aggregate**，於 group by attribute 選擇「customer_id」，於 aggregation attributes 分別選擇「customer_id 與 count」。執行程式，檢視 540 位顧客分別的消費次數 count (customer_id) (F 值)。

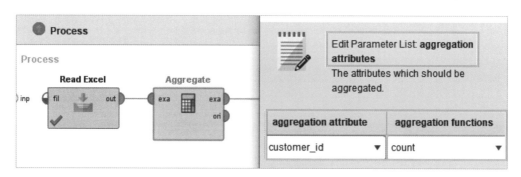

Row No.	customer_id	count(customer_id)
1	CS1113	20
2	CS1115	22
3	CS1121	26

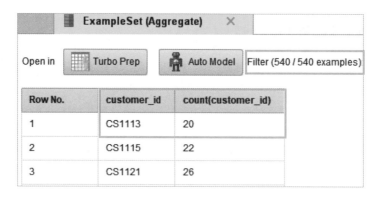

3 加入 **Discretize by Size**，選擇「count (customer_id)」，於 size of bins 輸入「108」，將顧客依消費次數分為 5 等分 (540 / 5 = 108)。執行程式，檢視所有顧客依消費次數多少區分為 5 個區域 (range1-range5)。[40]

---

40 此時變數為名目變數，由於不同顧客可能有相同的消費次數，因此每區分的人數不一定剛好 108 人。

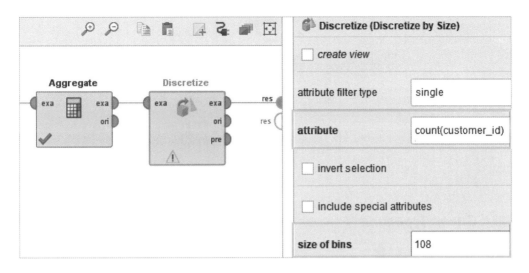

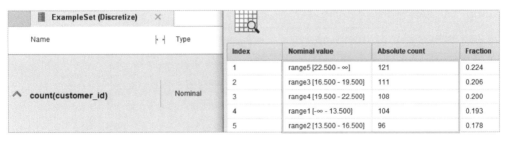

4 加入 **Replace**，選擇「count (customer_id)」，於 replace what 輸入「range ([0-9]).*」，於 replace by 輸入「$1」，將 range1-range5 之區分名稱簡化為 1 至 5 (5 表消費次數最多，1 表最少)。

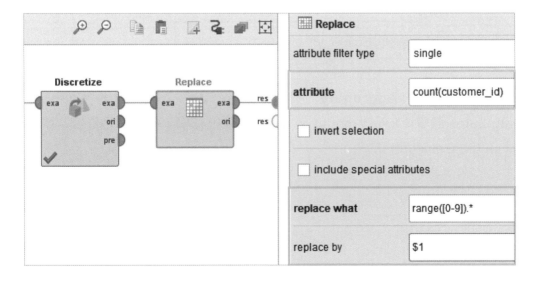

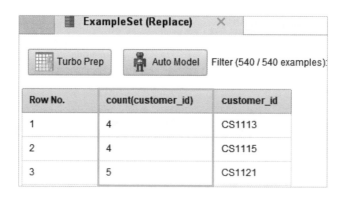

5　加入 **Guess Types**，選擇「count (customer_id)」，將 1-5 轉換為整數 (Integer)。

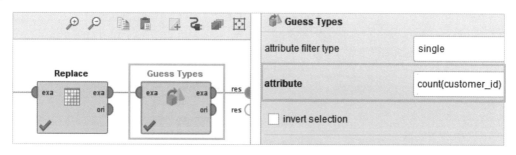

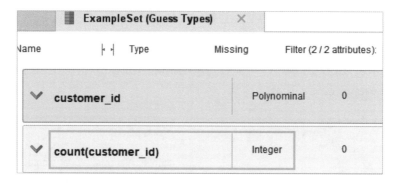

6　複製貼上一新的 **Aggregate**，與原 **Aggregate** 之 ori 連線，在 aggregation attributes 選擇「tran_amount 與 sum」。執行程式，檢視每位顧客之購買總量 sum (tran_amount) (M 值)。[41]

41　此例以購買數量代表消費金額。

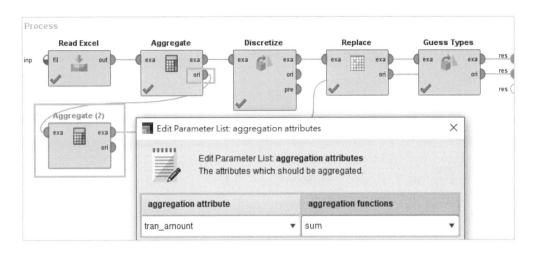

Row No.	customer_id	sum(tran_amount)
1	CS1113	1490
2	CS1115	1659
3	CS1121	1524

7 以拖曳方式複製貼上原先之 **Discretize by Size**、**Replace** 與 **Guess Types**。
連線後分別更改 3 個運算式之 attribute 為 sum (tran_amount)。執行程式,檢視
540 位顧客依購買總量區分的 1-5 等分 (5 表購買總量最多,1 最少)。

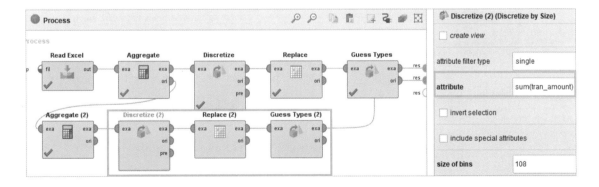

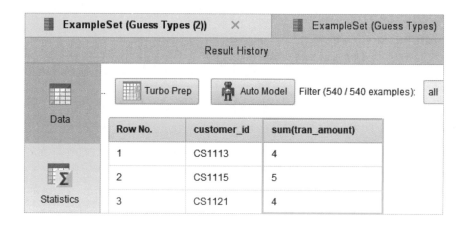

8 加入 **Nominal to Date**，連線 **Aggregate** 之 ori，選擇「trans_date」，在 date format 輸入「dd-MMM-yy」，轉換為原日期型式。執行程式，將 9,937 筆交易時間由名目變數改為日期 date 型式。

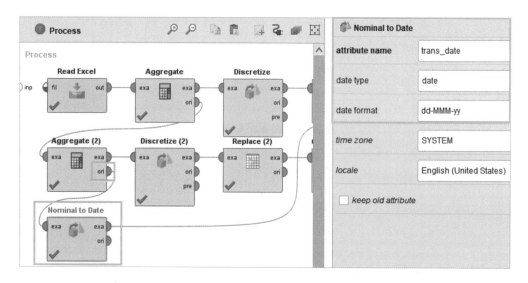

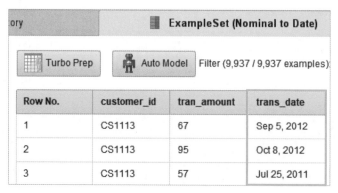

9 加入 **Date to Numerical**，選擇「trans_date」，在 time unit 選擇「day」，在 date relative to 選擇「epoch」，勾選「keep old attribute」。執行程式，將日期轉換為距離 1970/1/1 的天數 trans_date_day，數值愈大反應顧客消費的日期愈近。[42]

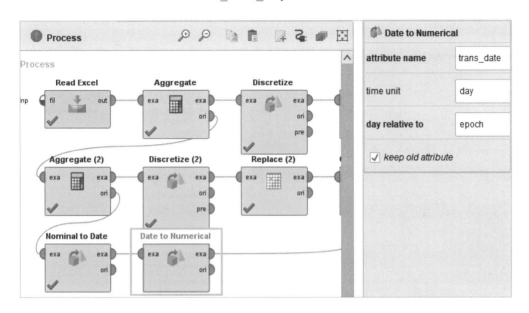

10 複製貼上 **Aggregate**，在 aggregation attributes 分別選擇「trans_date_day 與 maximum」。執行程式，檢視 540 位顧客的最近消費日期距 1970/1/1 的天數 maximum (trans_date_day) (R 值)。

---

42 依據 RapidMiner 定義，epoch 所指時間為 '01-01-1970 00:00'，因此圖表中 trans_date_day 第一行 15587 表示 Sep 5, 2012 距 Jan 1, 1970 的天數。

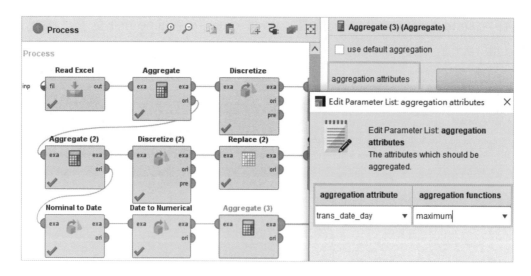

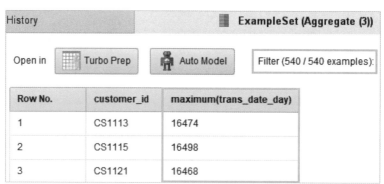

11 複製貼上 **Discretize by Size**、**Replace** 與 **Guess Types**,連線後分別更改 3 個運算式之 attribute 為「maximum (trans_date_day)」。執行程式,檢視 540 位顧客依最近消費日期遠近所區分的 1-5 等分 (5 表最近,1 最遠)。

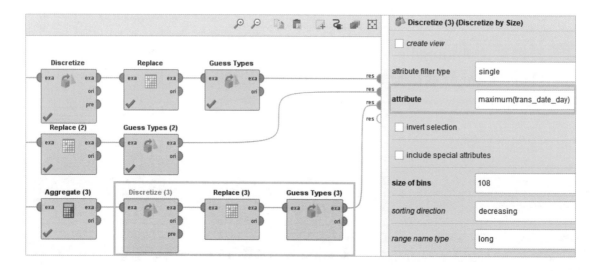

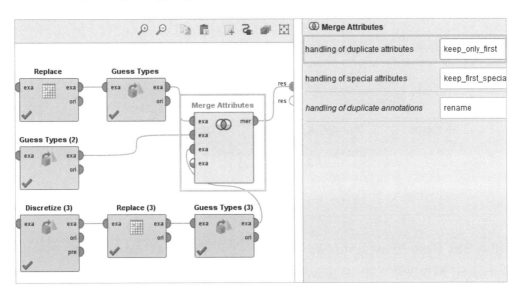

Row No.	customer_id	maximum(trans_date_day)
1	CS1113	4
2	CS1115	5
3	CS1121	3

12 加入 **Merge Attributes**，連線 3 個 **Guess Types** 之 exa，於 handling of duplicate attributes（處理重複變數）選擇「keep_only_first」。執行程式，檢視 540 位顧客之消費次數 count (customer_id)、消費總量 sum (tran_amount) 與消費時間遠近 maximum (trans_date_day) 由 1-5 的排列結果。

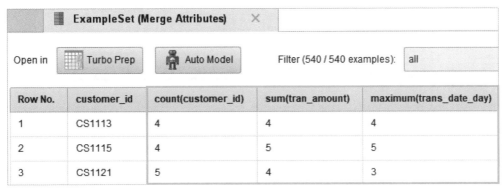

Row No.	customer_id	count(customer_id)	sum(tran_amount)	maximum(trans_date_day)
1	CS1113	4	4	4
2	CS1115	4	5	5
3	CS1121	5	4	3

13 加入 **Subprocess (Caching)**，將所有運算式剪下貼入次流程並連線至 out。加入 **Rename**，將 maximum (trans_date_day)、count (customer_id) 與 sum (tran_amount) 分別更名為「R、F 與 M」，執行程式。[43]

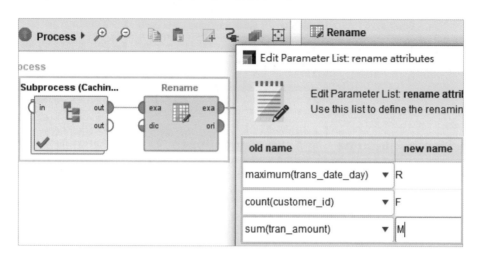

14 加入 **Set Role** 將 customer_id 設為 id，加入 **Reorder Attributes**，於 attribute ordering 將變數依「R、F 與 M」先後順序以 ⊕ 加入。

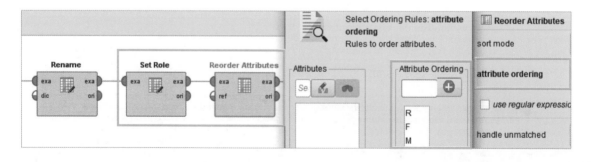

---

43 **Subprocess (Caching)** 可將次流程之執行結果暫存，供後續使用並節省執行時間。

Row No.	customer_id	R	F	M
1	CS1113	4	4	4
2	CS1115	5	4	5
3	CS1121	3	5	4

ExampleSet (Reorder Attributes) Open in Turbo Prep Auto Model Filter (540 / 540 examples):

15 加入 **Generate Aggregation**，於 attribute name 輸入變數名稱「RFM class」，於 attribute 選擇 R、F 與 M，於 aggregation function 選擇「concatenation」。執行程式，檢視 RFM class，以 | 符號間隔之 RFM 值。

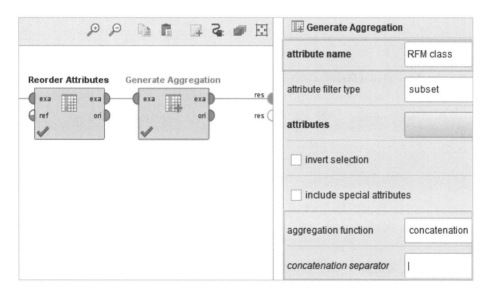

	customer_id	R	F	M	RFM class
	CS1113	4	4	4	4|4|4
	CS1115	5	4	5	5|4|5
	CS1121	3	5	4	3|5|4

ExampleSet (Generate Aggregation) Turbo Prep Auto Model Filter (540 / 540 examples): all

16 輸入 **Replace**，於 replace what 輸入「[^1-9]」，replace by 維持空白，刪除 RFM class 中 | 符號。[44]

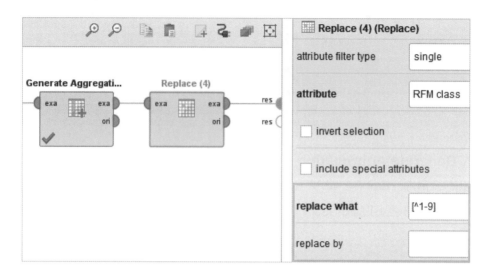

17 加入 **Aggregate**，於 group by attribute 選擇「RFM class」，於 aggregation attributes 分別選擇「customer_id 與 count」。執行程式，對 count (customer_id) 排序，檢視 72 個 RFM class 之顧客人數。其中 RFM class 555 的顧客人數最多 (28 位)，其次為 455 (27 位) 與 111 (26 位)。[45]

---

44 [^1-9] 表 RFM class 中非 1-9 的數字。

45 理論上，RFM class 最多可有 125 (5^3) 種。RFM 555 與 RFM 111 分別表示最有價值 (最近消費時間、消費次數與消費金額皆為所有顧客前 1/5) 與最無價值的顧客 (最近消費時間、消費次數與消費金額皆為所有顧客最後 1/5)。

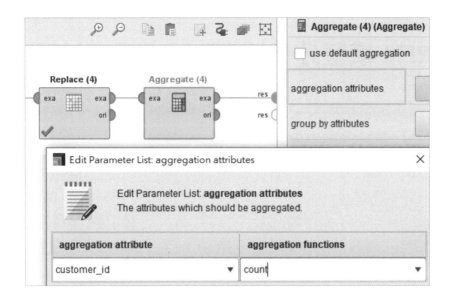

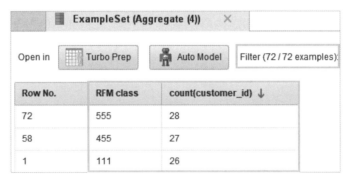

18 點選 Visualizations，選擇圓餅圖 (Pie/Donut)，檢視圖形。點選各個「RFM class」可顯示該類別包含之顧客人數。將流程儲存以供下一節使用。

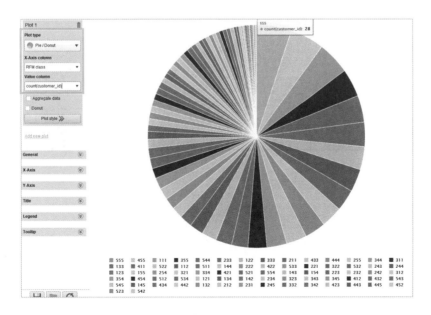

5-14 RFM 模型分析（2）

❖ 目的

依據顧客之 RFM 值以 **k-Means** 進行顧客分群並執行問卷回覆分析，提供市場行銷參考。

❖ 操作步驟

1 輸入上一節儲存之流程，停用 **Set Role** 後 4 個運算式，加入 **k-Means**，選擇群數 k 為「4」，measure types 為「NumericalMeasures」，連結兩個 clu 至 res。執行程式，檢視 540 位顧客之分群結果與每一群 (Cluster 0-3) 顧客人數 (items)。

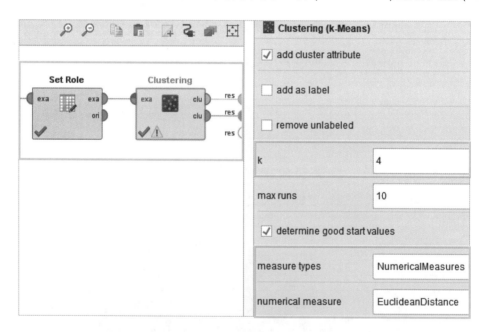

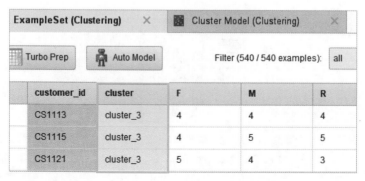

2 點 選 左 側 Centroid Table 顯 示 cluster_3 顧 客 之 RFM 值 皆 最 高 (接 近 5)，cluster_1 顧客之 RFM 值皆最低 (接近 1)。

Attribute	cluster_0	cluster_1	cluster_2	cluster_3
F	2.122	1.485	3.789	4.582
M	1.983	1.500	3.619	4.534
R	4.330	1.697	2	4.240

3 加入 **Cluster Model Visualizer**，執行程式，顯示 cluster_0 (115 位顧客) 之 R 高於 (綠色) 平均值但 F、M 低於 (紅色) 平均值，應屬新進客群。cluster_1 (132 位顧客) 之 RFM 值皆遠低於平均值，為不具價值客群。cluster_2 (147 位顧客) 之 R 低於平均值但 F、M 高於平均值，為可能已流失的有價值客群。cluster_3 (146 位顧客) 之 RFM 值皆遠高於平均值，為最有價值客群。[46]

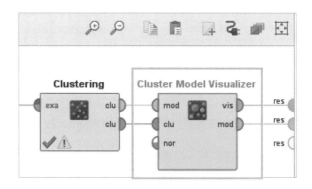

---

46 文字分別顯示 R、F 與 M 平均值是大於 (綠色 %) 或小於 (紅色 %) 整體平均值 https://community.rapidminer.com/discussion/56781/clustering-model-visualizer。

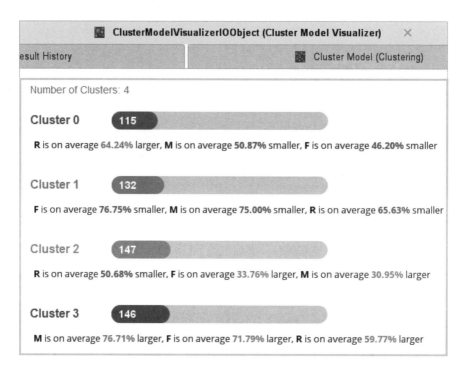

4 停用 **K-Means** 與 **Cluster Model Visualizer**，加入 **Generate Aggregation**，新增「RFM sum」變數等於「R、F 與 M」之和。執行程式，檢視結果。

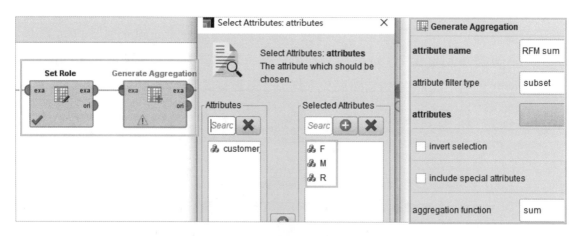

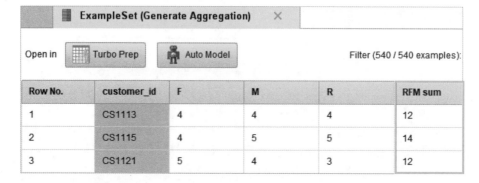

5 加入 **Read Excel**，讀入 retail responses，顯示 540 位顧客問卷回覆情形 (1 表有回覆，0 表無回覆)。加入 **Filter Examples** 檢視 response = 0 有 484 位 (1 有 540-484 = 56 位，問卷回覆率為 10.37% (56/540))。

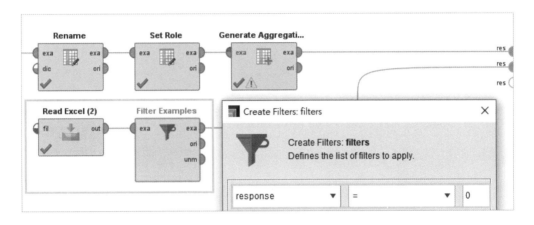

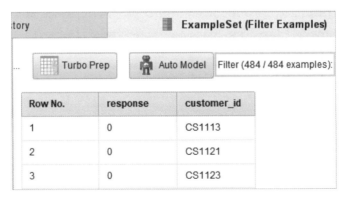

6 加入 **Join**，以「customer_id」結合上述兩筆資料 (rig 連結 **Filter Examples** 之 ori)，檢視結果。

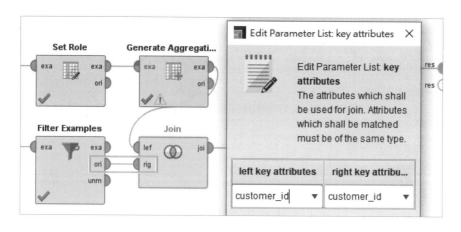

7 加 入 **Aggregate**， 於 group by attribute 選 擇「RFM sum」， 於 aggregation attributes 分別選擇「response 與 sum」。執行程式，檢視 13 類 RFM sum (由 3 至 15) 分別對應的問卷回覆顧客數總和。

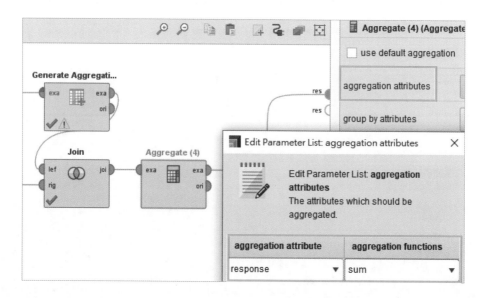

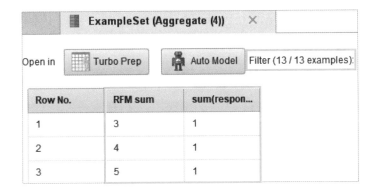

8 點選 Visualizations，選擇「直條圖 Bar (Column)」，橫軸 X-Axis column 設為「RFM sum」，縱軸 Value columns 設為「sum (response)」。圖形顯示，整體而言，顧客之 RFM 總和愈高，其問卷回覆的可能性愈高 (當 RFM 和為 13 時，問卷回覆人數 11 人為最高)。

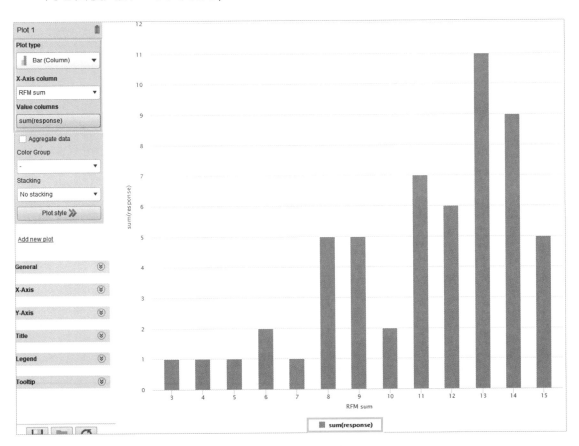

9　加入 **Correlation Matrix**，顯示兩變數 (RFM sum 與 sum (response)) 的相關係數達 0.804，呈現正相關。

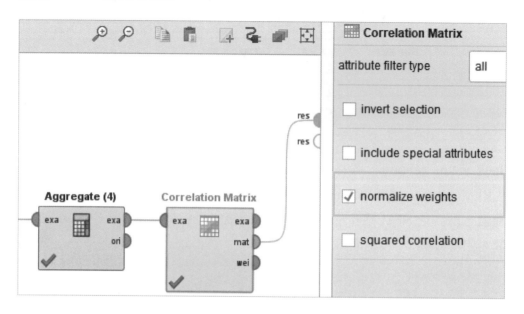

Attributes	RFM sum	sum(response)
RFM sum	1	0.804
sum(response)	0.804	1

練習 5-14-1

以 **Logistic Regression** 檢視 R、F、M 中何者對是否回覆問卷有重要影響。

解答

1. 停用 **Correlation Matrix** 與 **Aggregate**，加入 **Numerical to Binominal**，選擇「response」，將其由整數轉換為雙元變數 (true 為有回覆，false 為未回覆)。加入 **Set Role**，將 response 設為「label」，執行程式。[47]

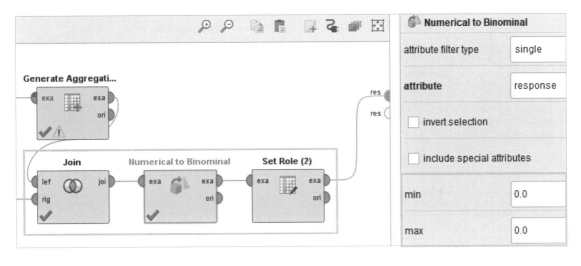

Row No.	customer_id	response	F	M	R	RFM sum
1	CS1113	false	4	4	4	12
2	CS1115	true	4	5	5	14
3	CS1121	false	5	4	3	12

---

47 Min 與 max 之間為 false，其外為 true。

2 加入 **Select Attributes**，刪除「RFM sum」變數，加入 **Logistic Regression**，將 mod 與 wei（變數權重）輸出。執行程式，顯示僅 F 顯著影響 (P < 0.05) 顧客是否回覆問卷（正係數表示消費次數愈多的顧客愈可能回覆問卷）且其權重 (0.969) 也最大。

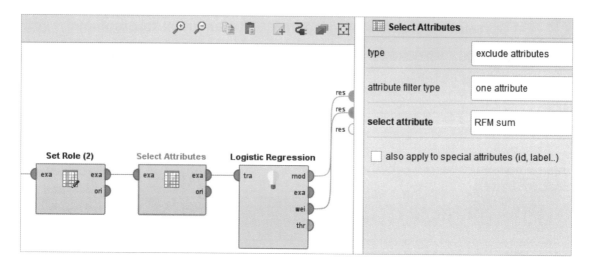

Attribute	Coefficient	Std. Coefficient	Std. Error	z-Value	p-Value
F	0.678	0.969	0.265	2.556	0.011
M	0.113	0.159	0.253	0.445	0.656
R	-0.173	-0.246	0.111	-1.559	0.119
Intercept	-4.485	-2.578	0.598	-7.497	0.000

AttributeWeights (Logistic Regression)

attribute	weight
F	0.969
M	0.159
R	-0.246

1. 依據 5-1 節，如調整實際有詐欺但預測無詐欺的成本為實際無詐欺但預測有詐欺成本的 10 倍，此時召回率為多少？ __87%__ 選擇出的變數為何？ __amount paid to date 與 max presc to date__ 以外加 **Gradient Boosted Tree** 直接預測可能詐欺的人數為多少？ __110__

2. 依據 5-1 節，延續上題，如在外加的 **Gradient Boosted Tree** 後，加入 **Performance (Binominal Classification)**，得到的召回率為多少？ __94%__ 此結果是否客觀？ __否，預測績效應以上題經過交叉驗證的績效平均值 macro average 較為客觀__

3. 依據 5-2 節，關聯性規則顯示購買 S18_1129 商品 (Premises) 時，會一起購買何商品 (Conclusion)？ __S18_1984__ 此時信心度 Confidence 為多少？ __0.926__ Lift 值為多少？ __10.528__

4. 依據 5-2 節，Confidence (A ⇒ B) 之信心度為 1 時代表何意？ __當購買 A 商品同時也會購買 B 商品的條件機率為 100%__。如 min confidence 設為 1，關聯性規則顯示購買 S24_2840 與 S18_2319 商品 (Premises) 時，會一起購買何商品 (Conclusion)？ __S18_3232__

5. 依據 5-6 節，如於 K-NN.k 之 Grid/Range 寫入 1 於 min、30 於 max、30 於 Steps，最佳之參數 K 值為多少？ __29__ 分別檢視 max 設為 30 與先前 max 設為 50 之 confidence (yes) 最高的前 3 台機器，哪幾台重疊 (預測最可能發生故障)？ __M_0223 與 M_0239__

6. 依據 5-8 節，如將 **Linear Regression** 改為 **Neural Net**，決定最佳參數之最低 RMSR 為多少？ __1.637__ 2020 年第 4 季對 2021 年第 1 季平均收盤股價的預測為多少？ __44.823__

7. 依據 5-8 節，在不考慮預測部分 (不要包含 Rename by Replacing 與其後之 Apply Model)，如將 Windowing 之視窗大小 window size 改為 2 (以落後兩期值為解釋變數)，最低 RMSE 顯示 Validation training_window_width 之最佳參數值為多少？ __1__ 依據 **Linear Regression** 結果，該公司當季的每股稅後盈餘 (每股稅後盈餘 (元)-0) 對下一季股票收盤價的影響係數為多少？ __11.138__

8. 依據 5-10 節,將 **Cross Validation** 次流程之 **Deep Learning** 改為 **GBT**,RMSE 為多少? <u>4.213</u> 視窗中第 387 筆 (即為對次一日 Nov 30, 2017) 的預測溫度為 多少? <u>20.761</u>

9. 依據 5-10 節,將 **Cross Validation** 次流程之 **Deep Learning** 改為 **Random Forest** (criterion 選擇 least square),RMSE 為多少? <u>3.399</u> 視窗中第 387 筆 (即為 對次一日 Nov 30, 2017) 的預測溫度為多少? <u>18.850</u>

10. 依據 5-10 節,將 **Sliding Window Validation** 次流程之 **Deep Learning** 改為 **GBT**,RMSE 為多少? <u>2.831</u> 視窗中第 387 筆 (即為對次一日 Nov 30, 2017) 的預測溫度為多少? <u>18.824</u>

11. 依據 5-11 節,將對氣溫 temperature 的預測改為對濕度 humidity 預測,**ARIMA** (p、d、q) 之最佳參數為 **ARIMA** (1、0、1) 對次一日 Nov 30, 2017 的預測濕度 為多少? <u>66.495</u>

12. 依據 5-11 節,將對氣溫 temperature 的預測改為對氣壓 pressure 預測,**ARIMA** (p、d、q) 之最佳參數為 **ARIMA** (2、0、0) 對次一日 Nov 30, 2017 的預測氣壓 為多少? <u>1019.186</u>

13. 依據 5-12 節,如在 **Optimize Parameters (Grid)** 中增加 **Forecast Validation** 之 window size 參數最佳化 (設定 Min 15,Max 20,Steps 5),最佳 window size 參數為多少? <u>17</u> RMSE 為多少? <u>15441.665</u>

中英文文字探勘

本章介紹如何執行中英文文字探勘並據以分析，英文文字
探勘的主題包含利用書籍名稱預測圖書主題、尋找程式設
計師徵才廣告所列之主要條件、分析顧客對藍芽耳機的文
字評價以及檢視正負評價中的主要詞彙。中文探勘結合了
Python 的 **Jieba** 套件進行中文斷字，涵蓋主題包含尋找
2012 年以及 **2020** 年總統就職演說使用的主要詞彙、消
費者情緒分析以及對網路新聞的文字探勘。

圖書主題預測

❖ 目的

利用文字探勘，使用書籍名稱預測圖書主題。

❖ 操作步驟

1　以 **Read Excel** 下載 book title and subject 資料，檢視 407 本書籍的主題 (Subject) 與名稱 (Title) 樣本。Statistics 顯示兩者皆為名目變數，其中主題共有 3 個 (Science & Technology、Arts & Humanities & Social Science 以及 Medicine)，而 Science & Technology 所占比例最高。

Open in	Turbo Prep	Auto Model	Filter (407 / 407 examples):	all

Row No.	Subject	Title
1	Arts & Humanities & Social Science	A Comprehensive Guide to Enterprise M...
2	Arts & Humanities & Social Science	Asset Protection through Security Aware...
3	Arts & Humanities & Social Science	Implementing Program Management: T...

Name	Type
⋀ **Subject**	Nominal
⋁ **Title**	Nominal

Index	Nominal value	Absolute count	Fraction
1	Science & Technology	232	0.570
2	Arts & Humanities & So...	101	0.248
3	Medicine	74	0.182

2　加入 **Set Role**，選擇 Subject 為 label，加入 **Nominal to Text**，在 attribute 選擇「Title」。執行程式，Statistics 顯示 Title 的類型被轉換為 Text (文字檔)。

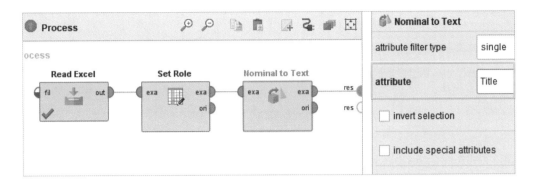

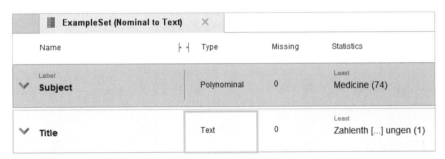

3　加入 **Process Documents from Data**，在 vector creation 選擇「Term Occurrences (文字出現次數)」，將 exa 與 wor (word list 文字列) 連線 res。

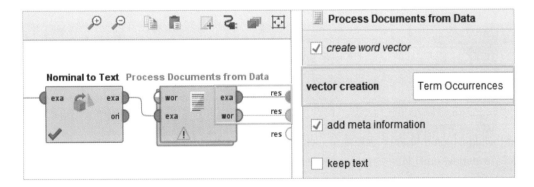

4 於次流程加入 **Tokenize**、**Transform Cases**、**Filter Stopwords (English)** 與 **Filter Tokens (by Length)** 並連線。[1]

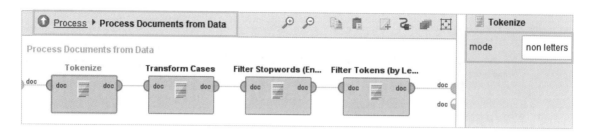

5 執行程式，ExampleSet 顯示 407 本書籍出現的所有文字共 1,260 個，其中第 13 行之書籍主題為 Medicine，書名中有 acute 文字。

Row No.	Subject	abstract	access	acid	acidification	acoustic	acquisitions	active	acupuncture	acute
1	Arts & Humanities & Social Science	0	0	0	0	0	0	0	0	0
2	Arts & Humanities & Social Science	0	0	0	0	0	0	0	0	0
3	Arts & Humanities & Social Science	0	0	0	0	0	0	0	0	0
4	Arts & Humanities & Social Science	0	0	0	0	0	0	0	0	0
5	Arts & Humanities & Social Science	0	0	0	0	0	0	0	0	0
6	Arts & Humanities & Social Science	0	0	0	0	0	0	0	0	0
7	Arts & Humanities & Social Science	0	0	0	0	0	0	0	0	0
8	Arts & Humanities & Social Science	0	0	0	0	0	0	0	0	0
9	Medicine	0	0	0	0	0	0	0	0	0
10	Medicine	0	0	0	0	0	0	0	0	0
11	Medicine	0	0	0	0	0	0	0	0	0
12	Medicine	0	0	0	0	0	0	0	0	0
13	Medicine	0	0	0	0	0	0	0	0	1
14	Medicine	0	0	0	0	0	0	0	0	0
15	Medicine	0	0	0	0	0	0	0	0	0
16	Medicine	0	0	0	0	0	0	0	0	0
17	Medicine	0	0	0	0	0	0	0	0	0
18	Medicine	0	0	0	0	0	0	0	1	0
19	Medicine	0	0	0	0	0	0	0	0	0
20	Medicine	0	0	0	0	0	0	0	0	0
21	Medicine	0	0	0	0	0	0	0	0	0
22	Medicine	0	0	0	0	0	0	0	0	0
23	Medicine	0	0	0	0	0	0	0	0	0
24	Medicine	0	0	0	0	0	0	0	0	0
25	Medicine									

ExampleSet (407 examples, 1 special attribute, 1,260 regular attributes)

---

[1] **Tokenize** 使用無字母 (non letters) 分詞，**Transform Cases** 轉換為小寫字母，**Filter Stopwords (English)** 過濾如 if 與 an 等停用詞，**Filter Tokens (by Length)** 限制單字長度為 4-25 字母之間。

6 Word List 顯示所有文字出現的總次數 (Total Occurrences)、在多少書籍中出現 (Document Occurrences) 以及在各種主題中出現的次數。

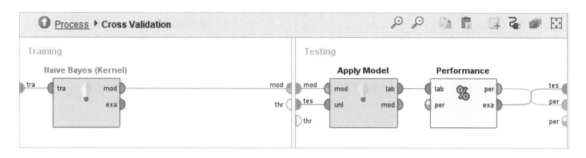

Word	Attribute Name	Total Occurences	Document Occurences	Arts & Humanities & Social Science	Medicine	Science & Technology
abstract	abstract	1	1	0	0	1
access	access	2	2	1	0	1
acid	acid	1	1	0	0	1

7 回到主流程,加入 **Cross-Validation**,於次流程加入 **Naïve Bayes (Kernel)**、**Apply Model** 與 **Performance**,完成連線。

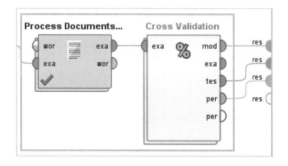

8 執行程式,顯示以書名文字,預測書籍主題 prediction (Subject) 的結果,其準確率為 73.73%。[2]

Subject	prediction(Subject)	confidence(Science & ...	confidence(Medicine)	confidence(Arts &...	abstract	access
Medicine	Medicine	0	1	0	0	0
Medicine	Science & Technology	1	0	0	0	0
Medicine	Science & Technology	1	0	0	0	0
Medicine	Medicine	0	1	0	0	0

---

2 由於主題有 3 種類型,因此混淆矩陣為 3 * 3 的矩陣。

accuracy: 73.73% +/- 5.34% (micro average: 73.71%)				
	true Arts & Humanities & ...	true Medicine	true Science & Technology	class precision
pred. Arts & Humanities &...	55	7	14	72.37%
pred. Medicine	6	40	13	67.80%
pred. Science & Technolo...	40	27	205	75.37%
class recall	54.46%	54.05%	88.36%	

9　加入 **Weight by Information Gain**，勾選「normalize weights」，在 sort direction 選擇「descending」，連線後執行程式。依據資訊增益 (information gain) 情形，與目標變數關聯性權重最高的文字依序為 China、disease 與 economic。[3]

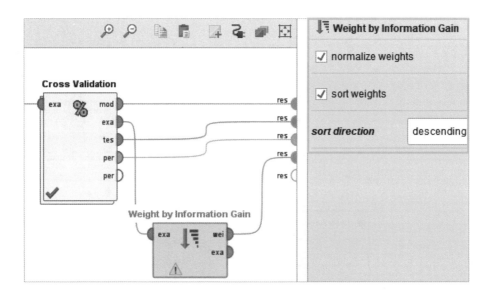

attribute	weight
china	1
disease	0.465
economic	0.456

3　勾選 normalize weights 使權重在 0 與 1 範圍內。

練習 6-1-1

使用 book title and subject predict 中 6 本新書的書名資料,預測各書的主題為何?

解答

 停用 **Weight by Information Gain**,以 **Read Excel** 下載並檢視 6 本新書的書名。

Row No.	Subject	Title
1	?	China's Economic Development in the 21 centrary
2	?	US and China Relationship during World War II
3	?	The Impact of World Economy from APEC Meeting
4	?	Financial Technology and Big Data Application
5	?	Science Discovery in Nuro Medical
6	?	Robot Technology and It's Battery Power

Open in [Turbo Prep] [Auto Model]　　Filter (6 / 6 examples): all

2 複製並貼上原先之 **Nominal to Text** 與 **Process Documents from Data**,加入 **Apply Model**,連線後執行程式,檢視 6 本新書主題的預測結果。[4]

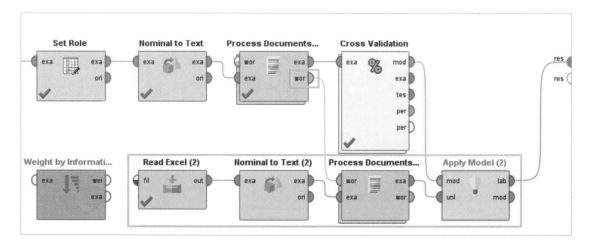

---

[4] 複製貼上的 **Process documents from Data (2)** 之 wor 需與原先之 wor 連結,納入原文字列資料進行預測。

Row No.	prediction(Subject)	confidence(Arts ...	confidence(Medici...	confidence(Science...	abstract
1	Arts & Humanities & Social Science	1	0	0	0
2	Arts & Humanities & Social Science	0.992	0	0.008	0
3	Arts & Humanities & Social Science	1	0	0	0
4	Science & Technology	0	0	1	0
5	Medicine	0	0.558	0.442	0
6	Science & Technology	0	0	1	0

6-2 徵才廣告分析

❖ 目的

利用文字探勘,分析程式設計師徵才廣告所列之主要條件。

❖ 操作步驟

1. 以 **Read Excel** 下載 programmer job opening requirement 資料,檢視共 6 筆程式設計師求才廣告,點選項目可顯示完整求才內容。

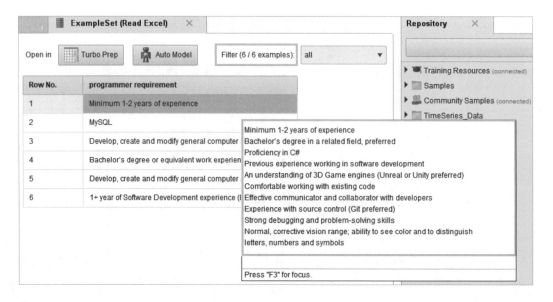

2 加入 **Nominal to Text**，將名目變數轉換為文字檔。加入 **Process Documents from Data**，選擇「Term Frequency」(文字出現頻率)，取消勾選「add meta information」，在 prune method 修剪方式選擇「absolute」，prune below absolute 輸入「3」，prune above absolute 輸入「999」，以限制所選的文字要至少出現在 3 則徵才廣告以上。[5]

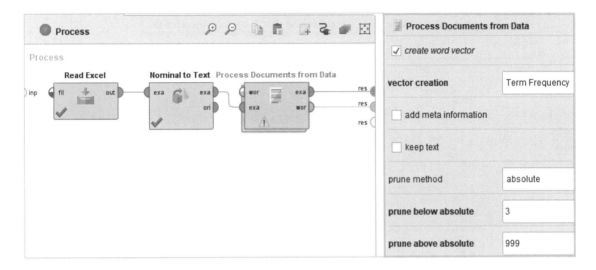

3 於次流程加入 Tokenize、Transform Cases、Filter Stopwords (English) 與 Generate n-Grams (Terms)，將 max length 設為「2」。[6]

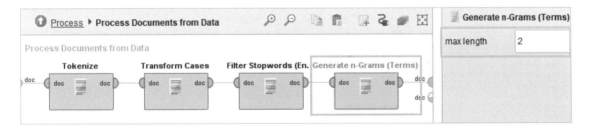

---

5 有關 Term Occurrences 與 Term Frequency 之比較參考 https://community.rapidminer.com/discussion/56347/term-occurrences-and-frequency-i-have-to-be-missing-something。

6 **Generate n-Grams(Terms)** 是將連續有關連性的文字以底線連結並顯示，它較單字更反映完整的語境 context。例如文件有 military strategy (軍事策略) 兩個連續字，加入該運算式後 WordList 會出現 military、strategy 與 military_strategy 三個文字。max length 設為 2 表示連結的文字不超過 2 個，參考 https://community.rapidminer.com/discussion/35073/generate-n-grams-knowledge-base。

④ 執行程式，在 WordList 對 Total Occurrences（總出現次數）排序後，顯示 experience 經驗一字，共出現 19 次且在 6 則廣告文件 (Document Occurrences) 中皆出現。

Word	Attribute Name	Total Occurences ↓	Document Occurences
experience	experience	19	6
design	design	15	4
skills	skills	14	6

> WordList (Process Documents from Data) ✕　ExampleSet (Process Documents from Data)

⑤ 加入 **WordList to Data**，將文字列 wor 轉換為樣本資料 exa。加入 **Sort** 對 total 由多至少排序，檢視共 50 個文字樣本。

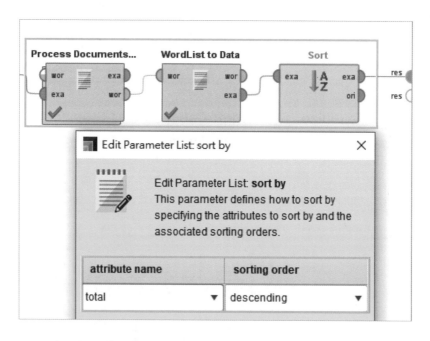

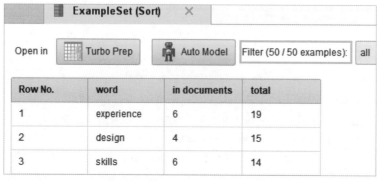

Row No.	word	in documents	total
1	experience	6	19
2	design	4	15
3	skills	6	14

6 點選 Visualization，在 Plot type 選擇「Wordcloud」，Value column 選擇「word」，Weight 選擇「total」。檢視 6 則求才廣告，主要使用的 50 個文字之文字雲。

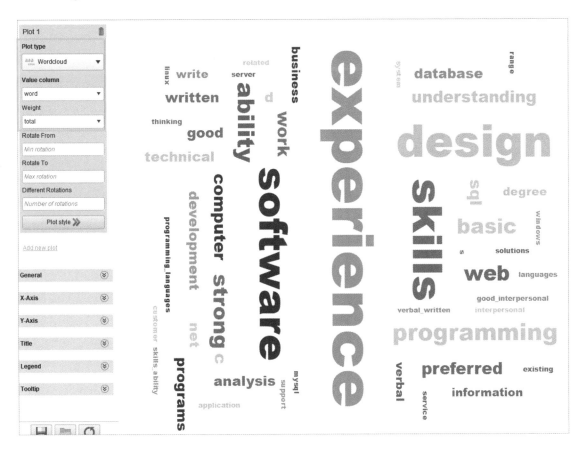

7 加入 **Filter Examples**，在 condition class 選擇 expression，在 parameter expression 輸 入「matches(word,"c|sql|basic|web|mysql|d|s|python|r|java|linux|net|windows")」，找 出 basic、web、sql、c、mysql、python、r 等 程 式 語 言 文字。依據文字雲中文字的大小，顯示 basic、web、c 與 sql 出現的次數最多。[7]

---

[7] 有關 matches 之使用可參考 Functions 之說明。如將 Weight 改為選擇 in documents，可顯示在多少則廣告出現為權重的文字雲。

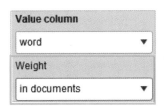

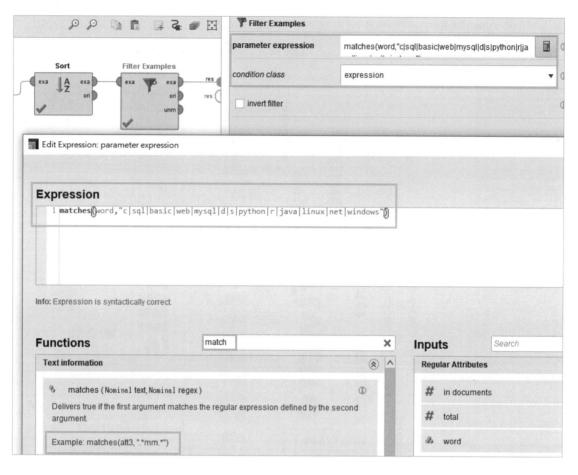

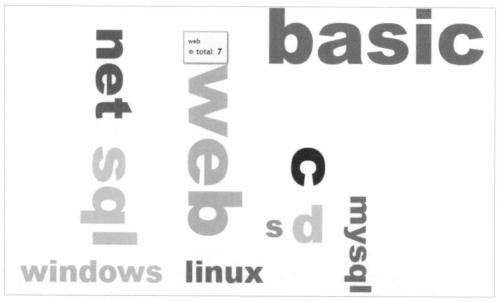

練習 6-2-1

如何顯示重要的連續文字有哪些？

解答

停用 **Filter Examples** 並以一新的取代，在 filters 分別輸入「word、contains 與 _（底線）」。執行程式，顯示 4 個最常出現的連續文字。[8]

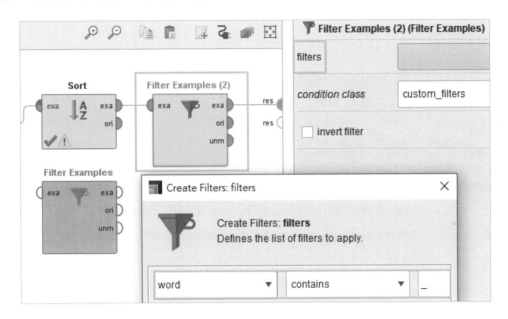

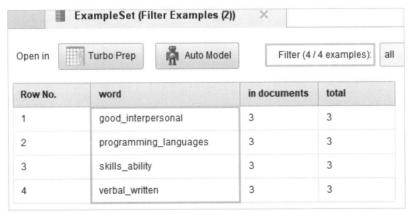

Row No.	word	in documents	total
1	good_interpersonal	3	3
2	programming_languages	3	3
3	skills_ability	3	3
4	verbal_written	3	3

8　顯示人際關係 (good_interpersonal)、程式語言 (programming_languages)、技術能力 (skills_ability) 以及口說與書寫能力 (verbal_written) 為徵人單位所重視。

6-3 消費者評價分析（1）

❖ 目的

分析顧客對藍芽耳機的文字評價。[9]

❖ 操作步驟

1 以 Read CSV 讀入 customer review 共 9,964 筆顧客藍芽耳機文字評價資料，其中 review（評價）為名目變數，rating（評價分數）為整數，有 15 個遺漏值。

Open in	Turbo Prep	Auto Model	Filter (9,964 / 9,964 examples):	all

Row No.	review	rating
1	It was nice produt. I like it's design a lot. It's easy to carry. And. Looked stylish....	5
2	awesome sound....very pretty to see this nd the sound quality was too good I w...	5
3	awesome sound quality. pros 7-8 hrs of battery life (including 45 mins approx ...	4

Name	Type	Missing	Filter (2 / 2 attributes): Search for Attribut
∨ review	Nominal	0	Least your del [...] MORE (1)
∨ rating	Integer	15	Min 1

2 加入 **Nominal to Text** 將 review 改為文字檔 text，加入 **Numerical to Polynomials** 將 rating 改為名目變數，加入 **Filter Examples** 刪除遺漏值。

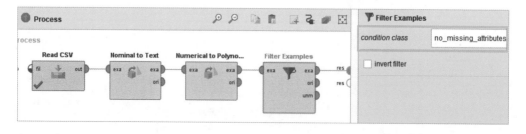

9　資料來源：Kaggle，Flipkart Customer Review and Rating https://www.kaggle.com/datasets/kabirnagpal/flipkart-customer-review-and-rating。

3 加入 **Map**，在 value mappings 將 rating 之 4、5 轉換為「positive」，1、2、3 轉換為「negative」。加入 **Set Role** 將 rating 設為「label」。檢視 9,949 筆資料中，positive 與 negative 各佔 81.1% 與 18.9%。

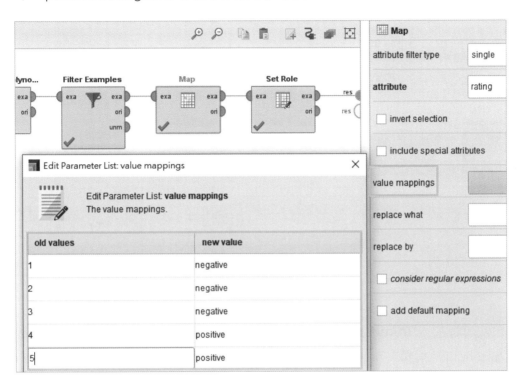

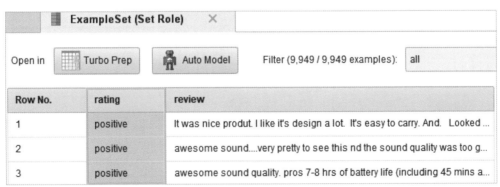

4 加入 **Process Document from Data**，於 vector creation 選擇「TF-IDF」，勾選「keep text」，在 prune method 選擇「absolute」，在 prune below absolute 和 prune above absolute 分別輸入「20 與 10000」，使所選文字至少要出現在 20 個評價以上。將 **Filter Examples** 之 unm (unmatched example set 15 個遺漏值) 連線至第 3 個 res。[10]

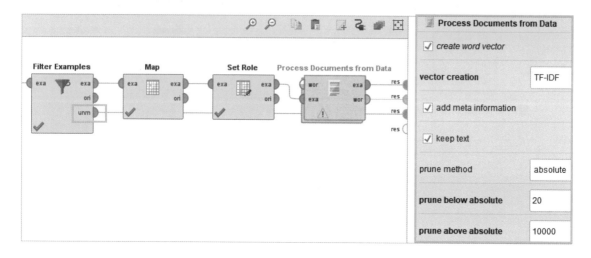

5 於次流程加入 Tokenize、Transform Cases 與 Filter Tokens (by Content)，在 condition 選擇「matches」，於 regular expression 輸入「read|more|.+read」，勾選「invert condition」。[11]

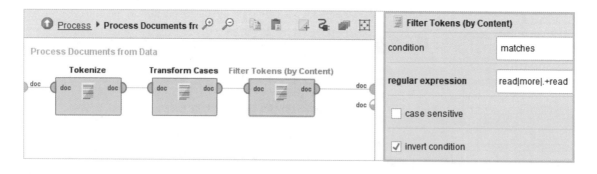

---

10 有關 TF-IDF 之說明參考 https://community.rapidminer.com/discussion/46333/term-frequencies-and-tf-idf-how-are-these-calculated 與 https://ithelp.ithome.com.tw/articles/10214726。

11 由於文字評價中出現多個 read more 與字尾為 read 之文字，故以 Filter Tokens (by Content) 予以刪除。

6 加入 **Remove Document Parts**，於 deletion regex 輸入「\W」，加入 **Stem (Snowball)**。[12]

7 加入 **Filter Tokens (by Length)**，將 min chars 設為「3」，max chars 設為「25」。

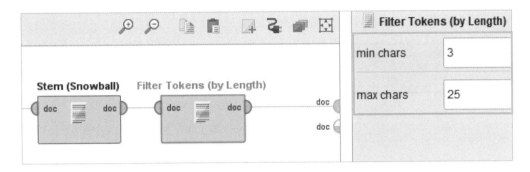

8 回主流程，加入 **Subprocess (Caching)**，將所有運算式剪下貼於次流程，連結 3 個 out 至 res。執行程式，檢視 9,949 個評價所有文字之 TF-IDF 值、文字列 (WordList) 以及 15 個未評分 (rating 為？) 之評價。[13]

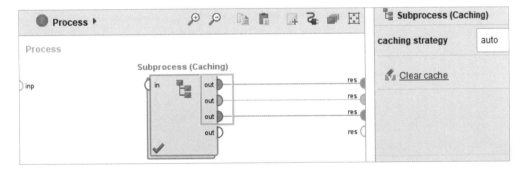

---

12 由於文字評價中出現多個非英文字母之符號，故以 **Remove Document Parts** 於 deletion regex 輸入 \W (a non-word character) 予以刪除。**Stem (Snowball)** 可統一不同字尾之文字為字根 (stem)，如將 waited、waiting 與 waits 統一為字根 wait。

13 分詞後的 text 欄位有部分無文字。

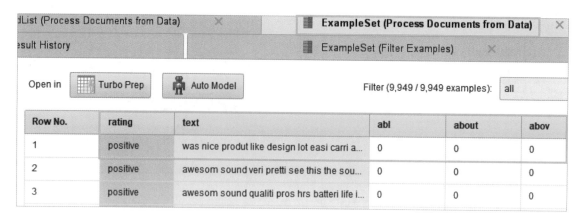

Row No.	rating	text	abl	about	abov
1	positive	was nice produt like design lot easi carri a...	0	0	0
2	positive	awesom sound veri pretti see this the sou...	0	0	0
3	positive	awesom sound qualiti pros hrs batteri life i...	0	0	0

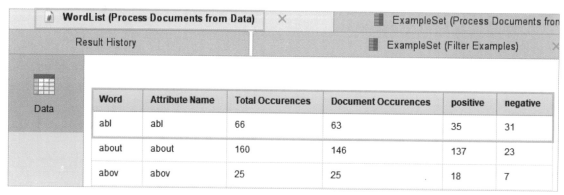

Word	Attribute Name	Total Occurences	Document Occurences	positive	negative
abl	abl	66	63	35	31
about	about	160	146	137	23
abov	abov	25	25	18	7

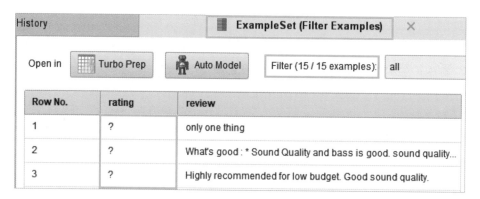

Row No.	rating	review
1	?	only one thing
2	?	What's good : * Sound Quality and bass is good. sound quality...
3	?	Highly recommended for low budget. Good sound quality.

⑨ 於主流程加入 **Filter Example**，在 filters 輸入「text、equals、空白」，勾選「invert filter」，刪除 text 中無文字之樣本。

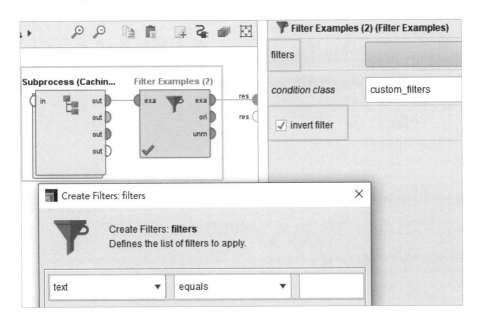

⑩ 加入 **Cross Validation**，於次流程加入 **SVM** (Support Vector Machine)、**Apply Model** 與 **Performance**。執行程式，檢視 8,911 個評價預測結果，預測準確率為 87.79%，精確率為 75.07%，召回率為 58.76%，positive class 為 negative。[14]

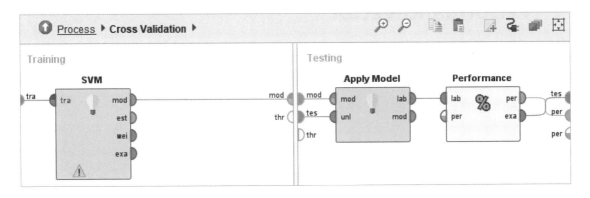

---

14 有關 SVM (Support Vector Machine) 演算法，參考 https://medium.com/jameslearningnote/%E8%B3%87%E6%96%99%E5%88%86%E6%9E%90-%E6%A9%9F%E5%99%A8%E5%AD%B8%E7%BF%92-%E7%AC%AC3-4%E8%AC%9B-%E6%94%AF%E6%8F%B4%E5%90%91%E9%87%8F%E6%A9%9F-support-vector-machine-%E4%BB%8B%E7%B4%B9-9c6c6925856b，Google 搜尋「【資料分析 & 機器學習】第 3.4 講：支援向量機 (Support Vector Machine) 介紹」。

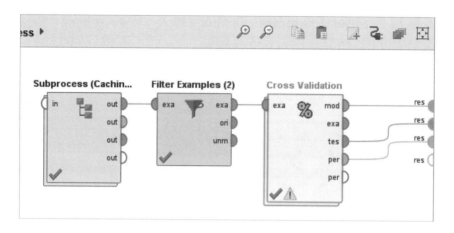

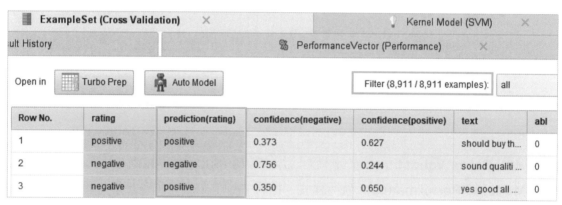

PerformanceVector

PerformanceVector:

accuracy: 87.79% +/- 1.11% (micro average: 87.79%)

ConfusionMatrix:

True:	positive	negative
positive:	6773	737
negative:	351	1050

precision: 75.07% +/- 3.79% (micro average: 74.95%) (positive class: negative)

ConfusionMatrix:

True:	positive	negative
positive:	6773	737
negative:	351	1050

recall: 58.76% +/- 4.72% (micro average: 58.76%) (positive class: negative)

練習 6-3-1

如何將召回率提升到 70% 以上？

解答

於 **Apply Model** 後加入 **Select Recall**，在 min recall 輸入 0.7，於 positive level 輸入 negative。加入 **Apply Threshold**，連線後執行程式，檢視召回率上升為 71.24%，準確率為 85.40%，精確率為 62.39%。

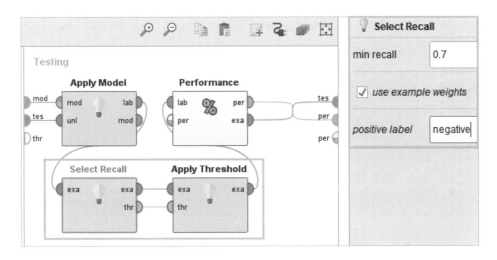

PerformanceVector

```
PerformanceVector:
accuracy: 85.40% +/- 2.47% (micro average: 85.40%)
ConfusionMatrix:
True:    positive        negative
positive:       6337    514
negative:       787     1273
precision: 62.39% +/- 6.46% (micro average: 61.80%) (positive class: negative)
ConfusionMatrix:
True:    positive        negative
positive:       6337    514
negative:       787     1273
recall: 71.24% +/- 0.42% (micro average: 71.24%) (positive class: negative)
```

練習 6-3-2

依據上述 **Cross Validation** 輸出之模型，預測 15 個遺漏評分之正負評價。[15]

解答

① 回主流程，複製貼上原 **Process Document from Data**，將 prune method 改為「none」。再加入 **Apply Model** 與 **Find Threshold**，勾選「Breakpoint After」。加入 **Apply Threshold**，完成連線後執行程式，檢視 Threshold 降低為 0.32195。

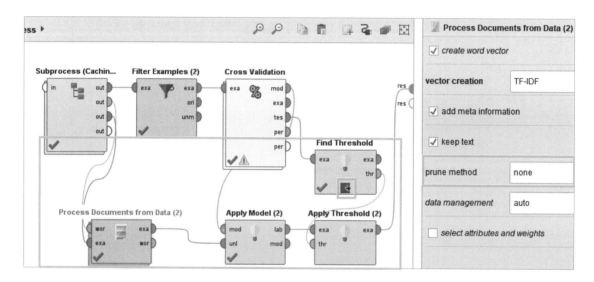

---

15 Cross Validation 輸出之模型為針對所有樣本進行訓練與測試的結果，而績效 performance 則為 10 次交叉驗證的平均值。

2 再次執行程式，對 prediction (rating) 排序，檢視 15 個評價中有 3 個被判斷為負面 negative 評價。

prediction(r... ↑	confidence(...	confidence(negative)	text
negative	0.488	0.512	from day usag can tell that this headphon are good but can wear for longer time caus type pain...
negative	0.429	0.571	make some charg issu after month voic issu
negative	0.520	0.480	vri vri suggest buy buy this
positive	0.878	0.122	onli one thing
positive	0.899	0.101	what good sound qualiti and bass good sound qualiti better when plug with provid cabl build q...
positive	0.748	0.252	high recommend for low budget good sound qualiti

6-4 消費者評價分析（2）

✢ 目的

檢視藍芽耳機正負評價中的主要詞彙。

✢ 操作步驟

1 保留上一節 **Subprocess (Caching)** 並刪除其他運算式，於次流程之 **Process Documents from Data**，將 vector creation 改為「Term Occurrences」，取消勾選「keep text」，僅保留文字列 wor 與 out 連線。

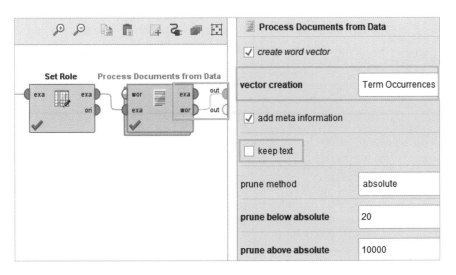

2 於 **Process Documents from Data** 次流程，停用 **Stem (Snowball)**，於 **Filter Tokens (by Length)** 後加入 **Filter Stopwords (English)** 與 **Generate n-Grams (Terms)**，增加連續文字，將 max length 設為「3」。

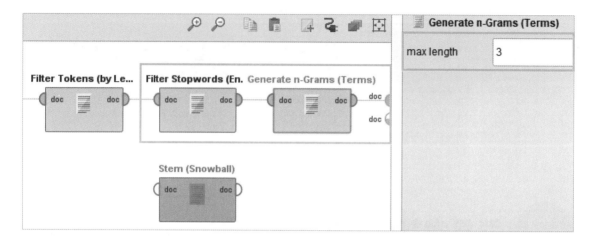

3 於 **Filter Tokens (by Content)** 之 Regular Expression 內 刪 除「sound、quality、good、product、nice、thank、thanks 與 boat」。[16]

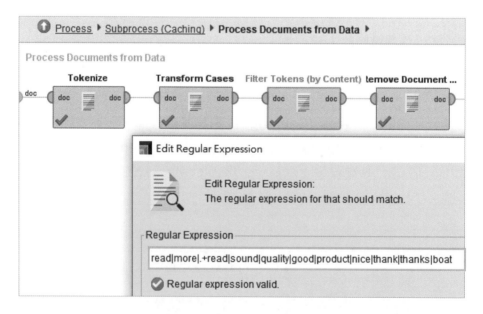

---

16 除原先刪除之文字 read、more 與 .+read 外，增加刪除一些出現過多之讚美詞與廠牌名稱等。

4 回主流程，加入 **WordList to Data**，將文字列 wor 轉換為樣本資料 exa，檢視結果。

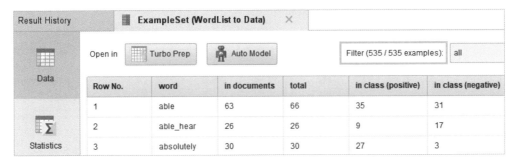

5 加入 **Filter Examples**，在 filters 分別輸入「word、contains 與 _（底線）」，檢視所有評價的 123 個連續文字。[17]

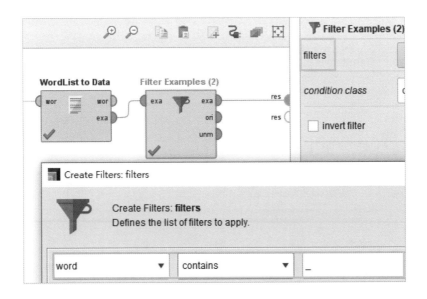

---

17 由於個別文字在正負評的重疊性太高，採用連續文字更能分辨其差異。

Row No.	word	in documents	total	in class (positive)	in class (negative)
1	able_hear	26	26	9	17
2	amazing_bass	47	47	45	2
3	aux_cable	132	148	110	38

ExampleSet (Filter Examples (2))

Open in Turbo Prep / Auto Model　　Filter (123 / 123 examples): all

6 加入 **Sort**，輸入「in class (positive) 與 descending」，檢視正評中連續文字的出現次數排序。

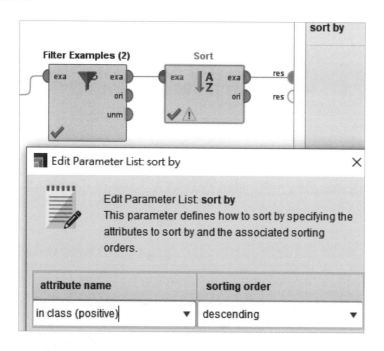

Edit Parameter List: sort by

Edit Parameter List: **sort by**
This parameter defines how to sort by specifying the attributes to sort by and the associated sorting orders.

attribute name	sorting order
in class (positive)	descending

ExampleSet (Sort)

Open in Turbo Prep / Auto Model　　Filter (123 / 123 examples): all

Row No.	word	in documents	total	in class (positive)	in class (negative)
1	battery_backup	531	544	487	57
2	price_range	209	218	193	25
3	value_money	134	134	128	6

7 加入 **Filter Example Range**，於 first example 輸入「2」，last example 輸入「20」，選擇正評中第 2 到 20 個最常出現的連續字。[18]

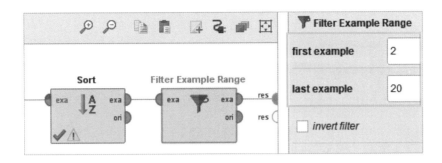

8 於 Visualization 之 Wordcloud，選擇權重 Weight 為「in class (positive)」，正評文字出現次數。文字雲顯示 price_range 價格、batter_life 電池壽命、super_base 低音、aux_cable 音源線、light_weight 輕便與 bluetooth_connectivity 藍芽連結等，都是正面評價的主要詞彙。

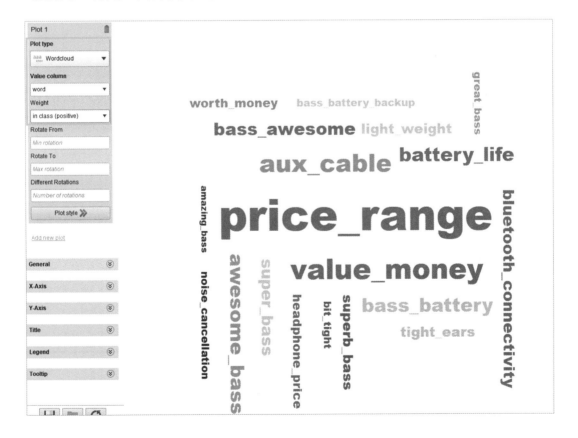

---

18 備援電池 battery_backup 在正負評價中都為最頻繁出現的詞彙，且與排序第二位差異相當大，顯示顧客對該些項目的重視。由於其好壞評價，仍需進一步分析，此處未納入文字雲中。

練習 6-4-1

檢視該耳機負面評價中出現最多的詞彙有哪些？

解答

1 停用原 **Sort**，以一新的取代，輸入「in class (negative) 與 descending」，點選「Breakpoint After」。執行程式，檢視負評中連續文字出現次數的排序。

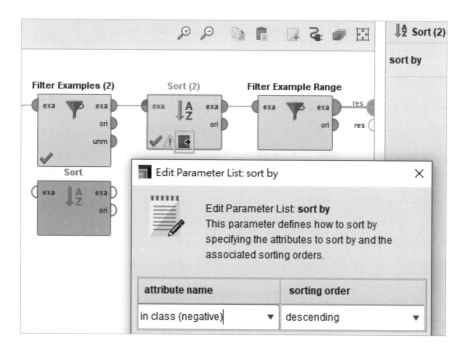

Row No.	word	in documents	total	in class (positive)	in class (negative)
1	battery_backup	531	544	487	57
2	aux_cable	132	148	110	38
3	stopped_working	39	39	3	36

2 再次執行程式，將 Wordcloud 之權重更改為「in class (negative)」，負評文字出現次數。文字雲顯示 ear_pain 耳部疼痛、stopped_working 停止運作、waste_money 浪費金錢、mic_working 麥克風功能與 bluetooth_range 藍芽範圍，在負面評價中都有較高的出現頻率，值得廠商參考。[19]

---

19 同樣的，aux_cable 音源線與 bluetooth_connectivity 藍芽連結在正負評價中，也都有多次出現，顯示顧客對該些項目的重視。

結合 Python 之中文文字探勘

❖ 目的

結合 Python 之 jieba 套件進行中文斷字，找出馬英九 2012 年以及蔡英文 2020 年總統就職演說使用的主要詞彙。[20]

❖ 操作步驟

1 檢視 dict.txt.big 中文字典文字檔 (UTF-8 編碼)，將其複製貼入 Local Repository 之 processes 內。[21]

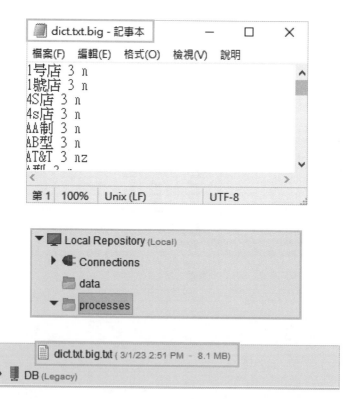

---

20 有關如何結合 RapidMiner 與 Python，以及使用 jieba 套件進行中文斷字參考本節附錄。

21 Python jieba 為下載簡體中文，執行繁體中文斷字，須先將繁體中文字典 dict.txt.big，直接複製貼於 RapidMiner 的 process 內 (process 路徑為 C:\Users\user\.RapidMiner\repositories\Local Repository\ processes)，參考 https://ithelp.ithome.com.tw/questions/10193213。

2 加入 **Read Document**，讀入 President speech Ma 2012.txt，在 encoding 選擇「UTF-8」，檢視馬總統演講之文字檔。

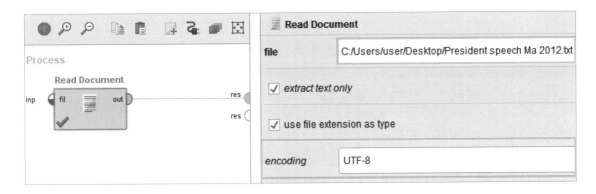

| | Document (Read Document) | ✕ | |

各位友邦元首、各位貴賓、各位僑胞、各位鄉親父老、各位電視機前與網路上的朋友，大家早安，大家好！

一月十四日，我們順利完成中華民國第五次總統直選。這是臺灣民主邁向成熟的重要里程碑。自由與公正的選舉程序，臺灣全體選民所
瑜在選舉結果揭曉時展現的民主風度。朋友們，讓我們一起，為臺灣民主喝采！

回顧過去四年，首先我要特別感謝全國民眾的支持。我們共同度過金融海嘯的侵襲，讓臺灣經濟成長回到東亞四小龍的前列；我們共同
明；我們完成中央政府精簡與縣市合併升格兩大改革工程；我們力行節能減碳、推動「居住正義」、大幅擴大社會安全網；我們締造了
家與地區，免簽證入境。在此，英九也要感謝蕭前副總統萬長、劉前院長兆玄、吳前院長敦義、陳院長(沖)與所有執政團隊夥伴，以及
繼續借重他們的經驗與智慧。

展望未來四年，英九要以「黃金十年」的國家願景，和全體國人共同奮鬥。我們的目標，是建設和平、公義與幸福的國家。政府將以
力」、以及「積極培育延攬人才」作為國家發展的五大支柱，以全面提升臺灣的全球競爭力，讓臺灣在這四年脫胎換骨、邁向幸福。

3 加入 **Document to Data**，在 text attribute 輸入「speech」。

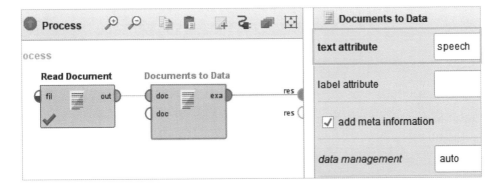

4 加入 **Execute Python**，連線 exa 與 imp，於 script 輸入 Python 中文斷字程式 (複製貼上 Word 檔案 python code)。

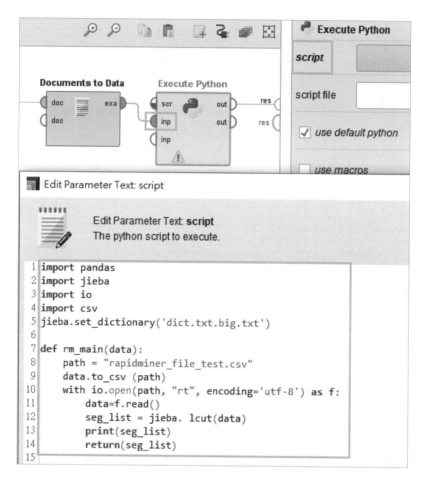

```
1  import pandas
2  import jieba
3  import io
4  import csv
5  jieba.set_dictionary('dict.txt.big.txt')
6
7  def rm_main(data):
8      path = "rapidminer_file_test.csv"
9      data.to_csv (path)
10     with io.open(path, "rt", encoding='utf-8') as f:
11         data=f.read()
12         seg_list = jieba. lcut(data)
13         print(seg_list)
14         return(seg_list)
15
```

5 以 Save Process as，將流程儲存於 Local Repository 之 processes 內 (檔名 president speech)，使流程與 dict.txt.big 中文字典來源一致。雙擊 president speech 檔名，更新流程來源為 processes。[22]

---

[22] 由於 dict.txt.big 是儲存於 processes 內，配合該檔案的路徑，流程亦需儲存並取自 processes 才可進行繁體中文斷字。如為從外部以 import process 輸入之流程，亦須先將其儲存於 processes 內，雙擊該檔名，更改路徑為 processes 後，方可執行繁體中文斷字。

6 加入 **Read Document**，在 content type 選擇「txt」，在 encoding 選擇「UTF-8」，
檢視斷字後之文件。

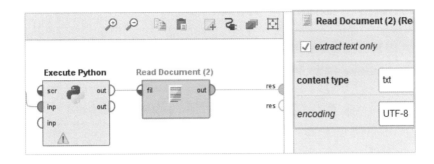

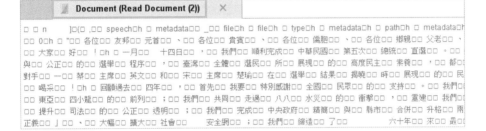

7 加入 **Process Documents**，在 vector creation 選擇「Term Occurrences」，取
消勾選「add meta information」，並勾選「keep text」。[23]

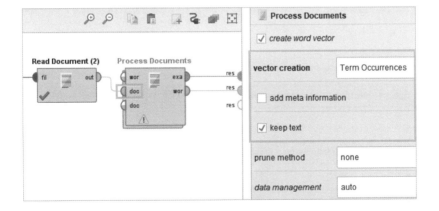

8 在次流程加入 **Remove Document Parts**，在 deletion regex 輸入「\w」，刪除
英文字母與數字 [a-zA-Z0-9_]，加入 **Tokenize**、**Filter Tokens (by Length)**，
設定 min chars 為「2」，max chars 為「25」。

---

23 **Process Documents** 是將整個文件讀入處裡，而 **Process Documents from Data** 則是將文件資料
逐筆讀入分別處理。

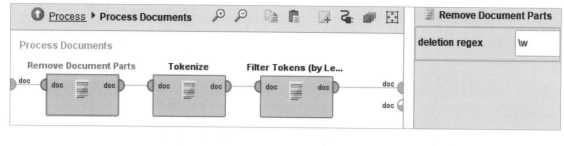

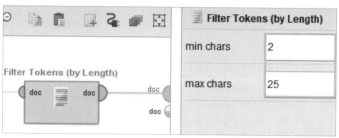

9️⃣ 加入 **Filter Stopwords (Dictionary)**，於 file 連結中文停用字檔案 chinese stopWords.txt，刪除中文停用詞。加入 **Generate n-Grams (Terms)**，輸入 max length 為「2」，建立連續字。檢視 WordList 詞彙的排序結果以及樣本集。

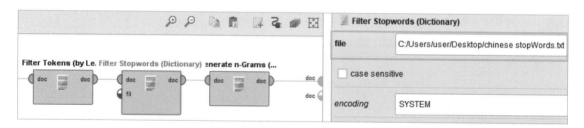

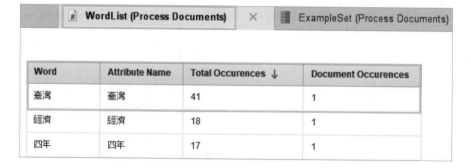

Word	Attribute Name	Total Occurences ↓	Document Occurences
臺灣	臺灣	41	1
經濟	經濟	18	1
四年	四年	17	1

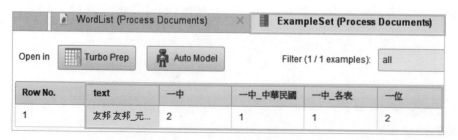

Row No.	text	一中	一中_中華民國	一中_各表	一位
1	友邦 友邦_元...	2	1	1	2

10 於主流程 **Process Documents** 後加入 **WordList to Data**，將文字列 WordList 轉換為樣本資料 exa。

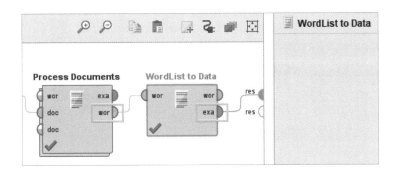

11 加入 **Filter Examples**，於 filters 將 total 設為「>= 3」，以及「word、contains 與 _（底線）」。檢視馬英九總統演講中，含 2 個連續詞彙且出現 3 次以上的文字雲（權重 Weight 為 total 數量）。

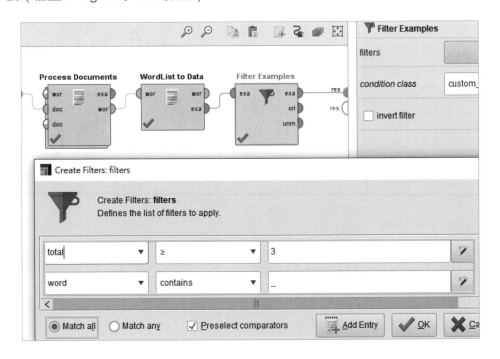

12 於 **Read Document** 讀入「President speech Tsai 2020.txt」，執行程式，檢視蔡總統演講中，含 2 個連續詞彙且出現 3 次以上的文字雲。

練習 6-5-1

如何增加 jieba 斷字時使用的中文詞彙？

解答

1 檢視資料檔「韓國瑜新聞」的文字檔 (UTF-8 編碼)。

> **📄 韓國瑜新聞 - 記事本**
> 檔案(F)　編輯(E)　格式(O)　檢視(V)　說明
> 〈中央社記者陳至中台北25日電〉「18歲公民權」憲法修正案公民複決26日投票。台灣青年民主協會今天釋出影片，邀請前高雄市
> 力推「18歲公民權」的青民協，近期不斷透過臉書專頁、社群媒體等方式闢謠，包括澄清憲法修正案複決通過後，並不會讓18歲馬
> 另外，網路上諸傳許多政治人物反對「18歲公民權」，青民協也一一舉出證據反駁，同時邀請朝野政黨領袖一同現身說法，呼籲不
> 明天就要投票，青民協今天透過新聞稿，並在臉書粉絲專頁釋出最新影片，由韓國瑜現身說法。韓國瑜在15秒的短片中明確表示，
> 青民協在新聞稿表示，「世代溝通」是這次倡議路上重要但艱辛的難題，面對同意票的高門檻（須961萬9697 票），只有跨世代合
> 青民協指出，台灣選舉常以政黨作為投票選擇，他們在台灣各地走上街頭、宣傳18歲公民權時，也常被問背後是哪一個政黨。
> 青民協強調，這次修憲複決，是一場「跨世代補課」，一同為台灣世代正義努力；也希望透過韓國瑜等人現身說法的影片，讓人們

2 停用 **WordList to Data** 與 **Filter Examples**，於 **Read Document** 讀入「韓國瑜新聞」，將 Total Occurences 由多至少排序，檢視「韓國」出現 6 次。[24]

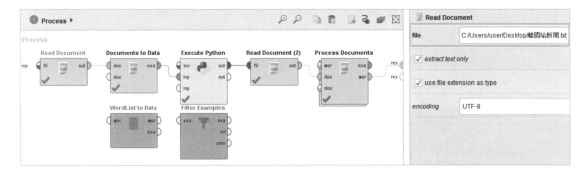

WordList (Process Documents)

Word	Attribute Name	Total Occurences ↓	Document Occurences
世代	世代	7	1
公民權	公民權	6	1
青民協	青民協	6	1
韓國	韓國	6	1
同意	同意	5	1

---

24 由於中文字庫中沒有韓國瑜這個名字的詞彙，因此誤判為韓國。

3 檢視自建文字檔 my dictionary (UTF-8 編碼)，內含詞彙「韓國瑜」、「大數據」與「5G」。將檔案複製貼入 Local Repository 之 processes 內，檢視 processes內的 dict.txt.big.txt 與 my dictionary.txt 兩個文字檔。[25]

4 於 **Execute Python** 之 script 加入一行新的程式「jieba.load_userdict ('mydictionary. txt')」，即可增加自建的新詞彙斷字 (可複製貼上 Word 檔 python code with my dictionary)。

```
Edit Parameter Text: script

Edit Parameter Text: script
The python script to execute.

1  import pandas
2  import jieba
3  import io
4  import csv
5  jieba.set_dictionary('dict.txt.big.txt')
6  jieba.load_userdict('my dictionary.txt')
7
8  def rm_main(data):
9      path = "rapidminer_file_test.csv"
10     data.to_csv (path)
11     with io.open(path, "rt", encoding='utf-8') as f:
12         data=f.read()
13         seg_list = jieba. lcut(data)
14         print(seg_list)
15         return(seg_list)
16
```

---

25 讀者可依需求增加 my dictionary 內詞彙。

5 執行程式，顯示在使用新的程式與加入自建詞彙後，「韓國瑜」已取代「韓國」且同樣出現 6 次。

Word	Attribute Name	Total Occurences ↓	Document Occurences
世代	世代	7	1
公民權	公民權	6	1
青民協	青民協	6	1
韓國瑜	韓國瑜	6	1
同意	同意	5	1

附錄

❖ 目的

結合 RapidMiner 與 Python 之 jieba 套件進行中文斷字。

❖ 操作步驟

1 下載 Anaconda，確定 Anaconda3 所在的路徑，此例為 C:\Users\user\anaconda3。

2 於工作列 🔍 中搜尋與點選「環境變數」，在系統變數的 Path 點選「編輯」。在編輯環境變數點選「新增」與「瀏覽」，將 anaconda3\Scripts、anaconda3 與 anaconda3\Library\bin 三個路徑分別增加至環境變數中。

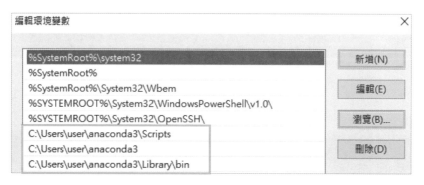

3️⃣ 在 🔍 搜尋「Anaconda Prompt」，進入後分別輸入「pip install jieba 與 pip install pandas」。

4 在 RapidMiner 的 Extensions，在 Marketplace (Update and Extensions) 下載「Text Processing、Web Mining 與 Python Scripting」等 extension。

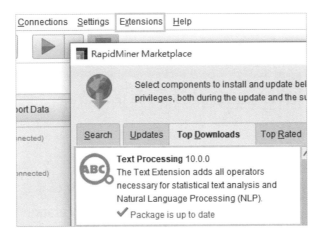

5 在 RapidMiner 從「Settings → Preferences → Python Scripting」，在 search path 連結「anaconda3」，Package manager 選擇「conda (anaconda)」，Conda environment 選擇「base」。按下「Test」，測試成功後完成設定。

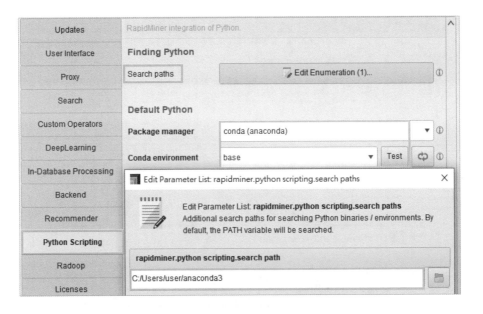

6-6 消費者情緒分析

❖ 目的

利用中文文字探勘，進行藍芽耳機消費者情緒分析 (Sentiment Analysis)。

❖ 操作步驟

1. 加入 **Read CSV**，讀入 sentiment analysis chinese 檔案。加入 **Set Role**，將「正負評」設為「label」，「Content」設為「interpretation」共兩個特殊變數。加入 **Nominal to Text**，檢視共 74 筆評價 (44 個正評、25 個負評與 5 筆遺漏評價) 文字檔。

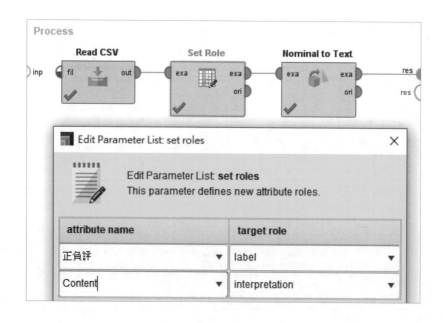

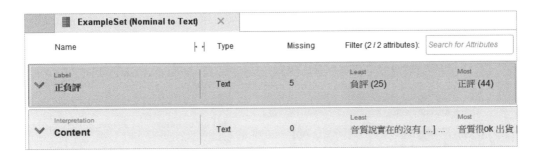

2️⃣ 加入 **Select Attributes** 選擇「Content」，勾選「also apply to special attributes」。[26]

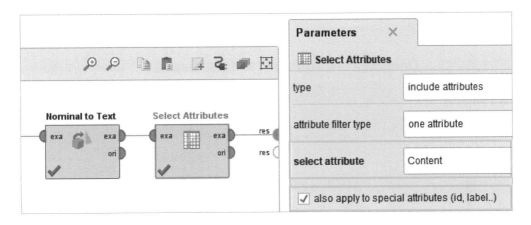

3️⃣ 以 Save Process as 將流程儲存於 Local Repository 之 processes 內，檔名為「sentiment」，雙擊該檔名，使流程來源變為 processes 以進行繁體中文斷字。[27]

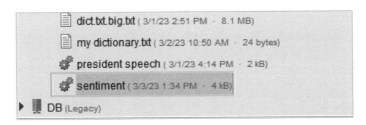

---

26 只對 Content 之內容進行斷字，特殊變數不會影響斷字，但能在進行分析時不被納入。

27 確定 dict.txt.big.txt 與 my dictionary.txt 兩個文字檔，保留在 processes 內。

4 加入 **Process Document from Data**，取消勾選「add meta information」。

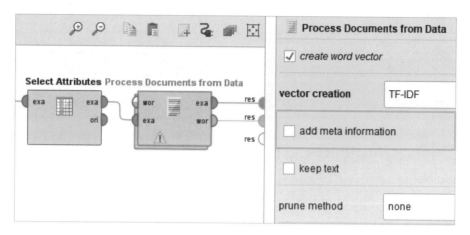

5 於次流程加入 **Document to Data**，在 text attribute 輸入「new content」。加入 **Execute Python**，在 script 複製貼上 Word 檔 python code。

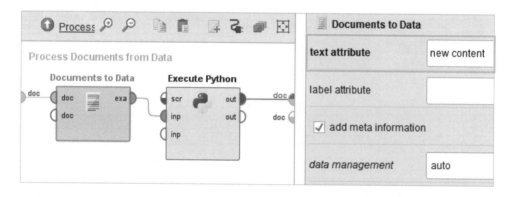

6 加入 **Read Document**，在 content type 選擇「txt」，在 encoding 選擇「UTF-8」。

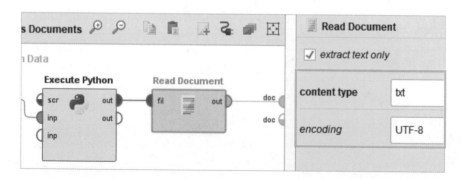

7 加入 **Remove Document Parts**，在 deletion regex 輸入「\w」，加入 **Tokenize** 與 **Filter Tokens (by Length)**，設定 min chars 為「2」，max chars 為「25」。

8 加入 **Filter Stopwords (Dictionary)**，連結 chinese stopWords.txt，加入 **Generate n-Grams (Terms)**。

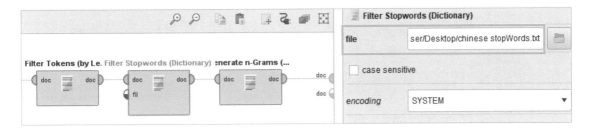

9 回主流程，加入 **Subprocess (Caching)**，將所有運算式剪下貼入次流程，將 **Select Attributes** 之 ori 連線至第 3 個 out。完成 **Subprocess (Caching)** 共 3 個 out 之輸出連線。

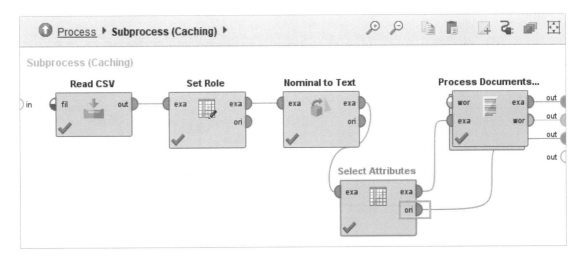

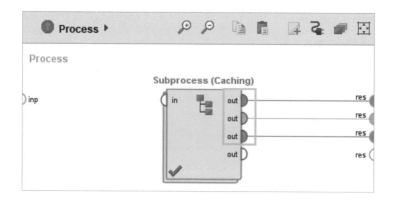

10 執行程式，由 WordList 檢視各詞彙出現的次數。[28]

Word	Attribute Name	Total Occurences ↓	Document Occurences
耳機	耳機	32	25
商品	商品	28	20
真的	真的	25	14

11 加入 **Merge Attributes**，連結第 1 與第 3 個 out 至 exa，檢視合併目標變數與 Content 斷字後，74 個評價使用詞彙之 TF-IDF 值。

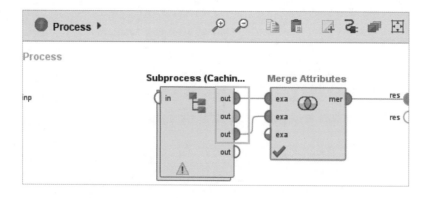

28　由於是逐行斷字，執行時間較長，使用 Subprocess (Caching) 後，執行結果會存於緩存區，減少以後流程之執行時間。

Row No.	正負評	Content	一下	一下_不夠	一下_音質	一分貨	一分貨_觸控
							ExampleSet (Merge Attributes)
					Filter (74 / 74 examples):	all	
1	負評	真的是便宜沒...	0	0	0	0	0
2	負評	太誇張 用不到...	0	0	0	0	0
3	負評	收到貨後2天...	0	0	0	0	0

加入 **Filter Examples**，在 condition class 選擇「no_missing_labels」，檢視 69 個無遺漏值與 5 個遺漏值 (unm) 樣本。

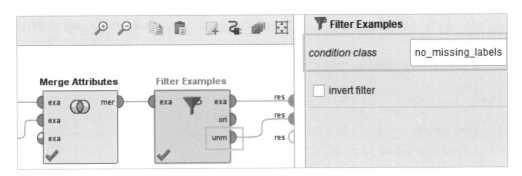

Row No.	正負評	Content	一下	一下_不夠	一下_音質	一分貨
						ExampleSet (Filter Examples)
						Filter (69 / 69 examples):
1	負評	真的是便宜沒...	0	0	0	0
2	負評	太誇張 用不到...	0	0	0	0
3	負評	收到貨後2天...	0	0	0	0
4	負評	8/6收到，觸...	0	0	0	0

Row No.	正負評	Content	一下	一下_不夠	一下_音質	一分貨
						ExampleSet (Filter Examples)
						Filter (5 / 5 examples):
1	?	CP值:喔耶我...	0	0	0	0
2	?	使用起來非常...	0	0	0	0
3	?	出貨速度快，...	0	0	0	0
4	?	品質還價格符...	0	0	0	0
5	?	該商品品質不...	0	0	0	0

⑬ 加入 **Nominal to Binominal**，將「正負評」變數改為雙元變數，勾選「include special attributes」。加入 **Remap Binominals**，將 positive value（陽性）設為「負評」，negative value（陰性）設為「正評」。

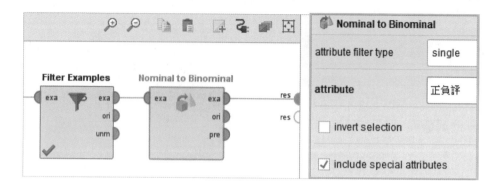

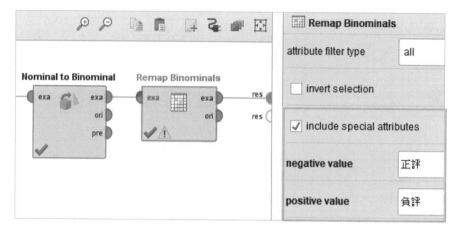

⑭ 加入 **Cross Validation**，於次流程加入 **KNN**、**Apply Model** 與 **Performance**。檢視 69 個樣本預測結果，預測準確率為 86.90%，精確率 90.83%，召回率 76.67%。

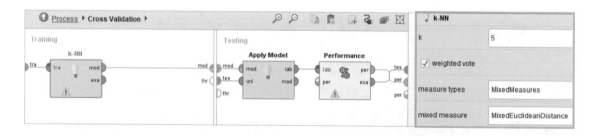

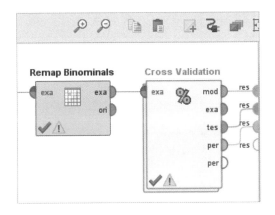

	正負評	prediction(正負評)	confidence(負評)	confidence(正評)	Content	一下
	負評	負評	0.800	0.200	我該怎麼說呢...	0
	負評	負評	0.600	0.400	耳機音量與一...	0
	負評	正評	0	1	出貨速度很很...	0

Turbo Prep   Auto Model   Filter (69 / 69 examples): all

PerformanceVector

PerformanceVector:

accuracy: 86.90% +/- 10.60% (micro average: 86.96%)

ConfusionMatrix:

True:	正評	負評
正評:	41	6
負評:	3	19

precision: 90.83% +/- 14.93% (micro average: 86.36%) (positive class: 負評)

ConfusionMatrix:

True:	正評	負評
正評:	41	6
負評:	3	19

recall: 76.67% +/- 26.29% (micro average: 76.00%) (positive class: 負評)

練習 6-6-1

將召回率提升到 85% 以上，以新的閾值，預測 5 筆遺漏評價為正評或負評。

解答

1️⃣ 於 **Cross Validation** 次流程 **Apply Model** 後加入 **Select Recall**，於 min recall 輸入「0.85」，於 positive label 輸入「負評」。加入 **Apply Threshold**，連線後執行程式，檢視預測準確率為 66.19%，精確率 55.67%，召回率 96.67%。

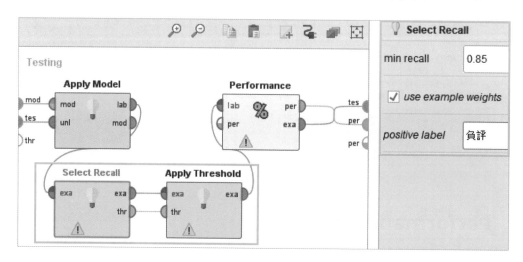

PerformanceVector

```
PerformanceVector:
accuracy: 66.19% +/- 18.30% (micro average: 66.67%)
ConfusionMatrix:
True:      正評      負評
正評:      22        1
負評:      22        24
precision: 55.67% +/- 19.18% (micro average: 52.17%) (positive class: 負評)
ConfusionMatrix:
True:      正評      負評
正評:      22        1
負評:      22        24
recall: 96.67% +/- 10.54% (micro average: 96.00%) (positive class: 負評)
```

2 回主流程,加入 **Apply Model**、**Find Threshold** 與 **Apply Threshold**。完成 **Filter Examples** 之 unm 與 **Apply Model** 之 unl 等連線,檢視 5 個遺漏值之預測結果為 3 個正評與 2 個負評。

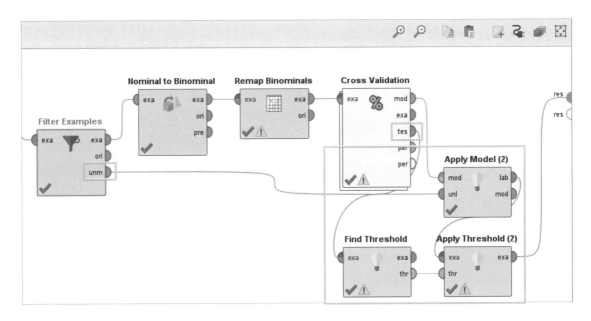

Row No.	正負評	prediction(正負評)	confidence(正評)	confidence(負評)	Content
1	?	正評	1	0	CP值: 喔耶我超級喜歡牌的品質真的不錯,還有,...
2	?	正評	0.600	0.400	使用起來非常帶感,聲音也非常剛好不會太糟糕,...
3	?	正評	1	0	出貨速度快,價格優惠,商品品質好,值得信賴的...
4	?	負評	0.600	0.400	品質還價格符合 真的不太建議購買 連線非常不穩定...
5	?	負評	0.600	0.400	該商品品質不好,觸控過於靈敏且一耳出音有問題...

練習 6-6-2

延續上題,新的閾值為多少?如何將 confidence(正評)與 confidence(負評)的小數點位數增加,以明確其間之差異?

解答

1 於 **Find Threshold** 按右鍵,點選「Breakpoint After」。於 **Apply Threshold** 後加入 **Format Numbers**,在 format type 輸入「patten」,於 patten 輸入「0.0000」,擴大小數點為 4 位數,勾選「include special attributes」。

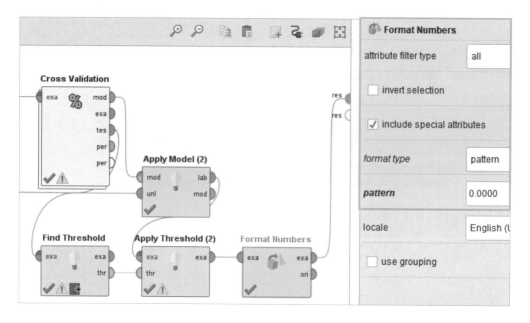

2 先後執行程式，顯示當召回率提升到 85% 以上時，新的閾值為 0.59986 (confidence（正評）大於此閾值時預測為正評)。小數點增加至 4 位數後，已能明確區分 confidence（正評）與 confidence（負評）之間的差異。

Row No.	正負評	prediction(正負評)	confidence(正評)	confidence(負評)	Content
1	?	正評	1.0000	0.0000	CP值: 喔耶我超級喜歡牌的品質真的不錯，還有，還送很多其他...
2	?	正評	0.6000	0.4000	使用起來非常帶感，聲音也非常剛好不會太糟糕，下次還會回...
3	?	正評	1.0000	0.0000	出貨速度快，價格優惠，商品品質好，值得信賴的賣家??????...
4	?	負評	0.5997	0.4003	品質還價格符合 真的不太建議購買 連線非常不穩定 會一直斷線...
5	?	負評	0.5996	0.4004	該商品品質不好，觸控過於靈敏且一耳出音有問題，上面也有...

6-7 網頁探勘

目的

對 5G 相關的網路新聞進行中文文字探勘。

操作步驟

1. 加入 **Read Excel**，讀入 5G URL 檔案，檢視 3 個與 5G 相關之新聞網址，變數名稱為 Link。[29]

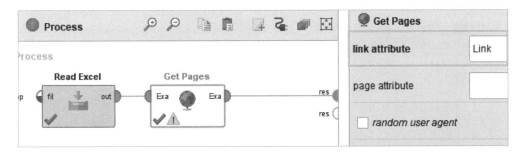

2. 加入 **Get Pages**，在 link attribute 輸入「Link」，顯示 3 個網頁是以 HTML (超文字標示語言 Hyper Text Markup Language) 所編寫。

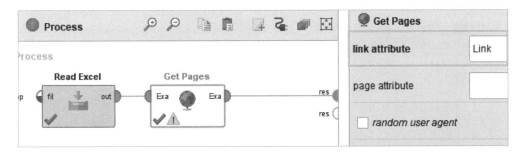

---

29 第一個網址為 Yahoo 有關 5G 的新聞。

Row No.	Link	gensym	URL	Response-C...	Response-M...	Content-Type
1	https://tw.new...	<!doctype html><html id...	https://tw.new...	200	OK	text/html; char...
2	https://n.yam....	<!DOCTYPE html>	https://n.yam....	200	OK	text/html; char...
3	https://tw.new...	<!doctype html><html id...	https://tw.new...	200	OK	text/html; char...

③ 以 Save Process as 將流程儲存於 processes 中，檔名為「web mining」，雙擊該檔名，將流程來源設為 processes，以執行後續繁體中文斷字。

④ 加入 **Process Document from Data**，在 vector Creation 選擇「Term Occurrences」，取消勾選「add meta information」。

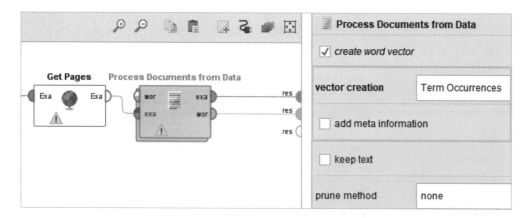

5　於次流程加入 **Extract Content**，點選 Breakpoint After，檢視自第一個網頁擷取之文件內容。[30]

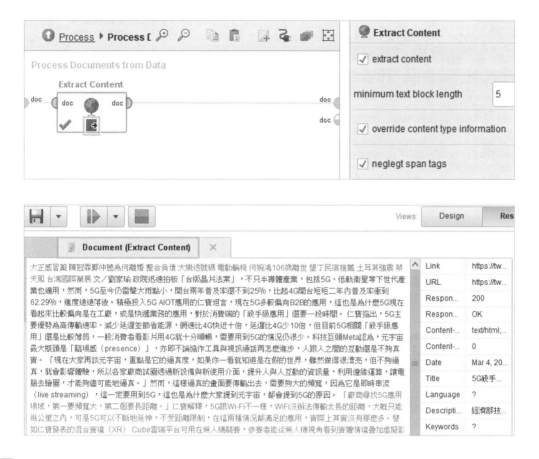

6　加入 **Keep Document Parts**，於 extraction regex 輸入「.*5G.*」，只保留包含 5G 的文件，點選 Breakpoint After，檢視簡化後的文件。[31]

30　檢視完後，按右鍵取消勾選「Breakpoint After」，並按下上方 ■，可結束暫停。

31　紅色與藍色區分不同的文件內容，由於原擷取之文件有些與 5G 無關 (如廣告)，故以 **Keep Document Parts** 以一般表示法 (regex)，只保留與 5G 相關的文件。

7 加入 **Document to Data**，在 text attribute 輸入「content」。

8 加入 **Execute Python**，於 script 複製貼上 Word 檔 python code with my dictionary (含自建詞彙之程式)。加入 **Read Document**，在 content type 選擇「txt」，在 encoding 選擇「HTF-8」。按右鍵勾選「Breakpoint After」，檢視斷字後的結果。

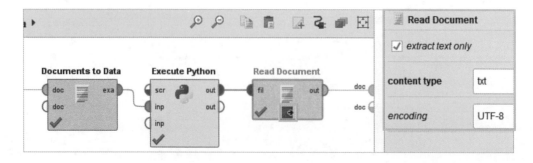

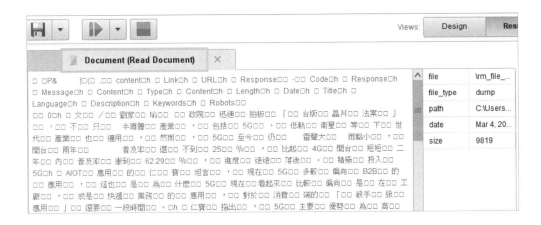

9　加入 **Remove Document Parts**，在 deletion regex 輸入「\b(?!5G)\b\w＋」，刪除 5G 以外所有英文、數值與底線字符，勾選「Breakpoint After」，檢視結果。

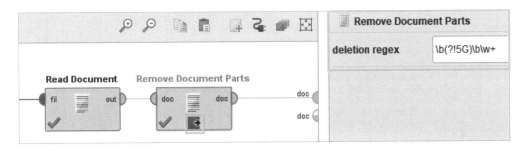

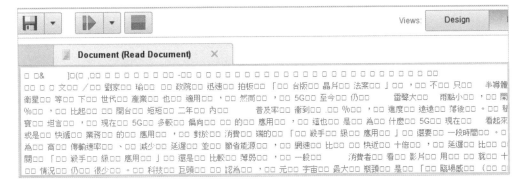

10　加入 **Tokenize**、**Replace Tokens** (以 5G 取代 G)、**Filter Tokens (by Length)**，設定 min chars 為「2」，max chars 為「25」。加入 **Filter Stopwords (Dictionary)**，連結 chinese stopWords.txt)。加入 **Generate n-Grams (Terms)**，點選「Breakpoint After」，檢視第一個網址內容的斷字結果。[32]

---

[32] 由於 **Tokenize** 將 0-9 數值刪除，使用 **Replace Tokens** 為保留 5G 及其相關連續文字。另一種方式是在 **Tokenize** 之 mode 選擇 regular expression，並在 expression 輸入 [^\p{script＝Han}5G]，刪除 **Replace Tokens**，此方式可同時保留中文文字及 5G。

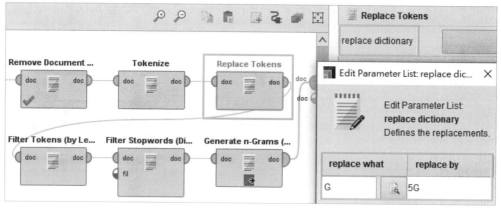

11 取消勾選「Breakpoint After」，執行程式，檢視 3 個網址分別之詞彙出現次數，以及所有網頁詞彙對 Total Occurrences 排序後之文字列。

Row No.	5G	5G_5G	5G_下載	5G_不斷	5G_主要	5G_代表	5G_低軌
1	30	0	0	1	2	0	2
2	41	1	1	0	0	1	0
3	5	0	0	0	0	0	0

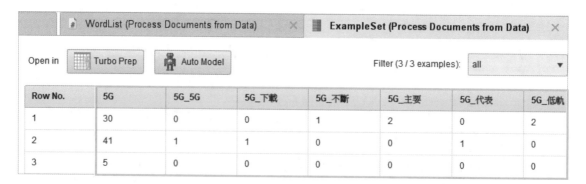

Word	Attribute Name	Total Occurences ↓	Document Occurences
5G	5G	76	3
應用	應用	21	2
移遠	移遠	18	1

12 回主流程，加入 **Data to Similarity**，在 measure types 勾選「NumericalMeasures」，numerical measure 勾選「CosineSimilarity」。執行程式，顯示第 1 與第 2 個網頁內容相似度最高 (Similarity 為 0.377)。[33]

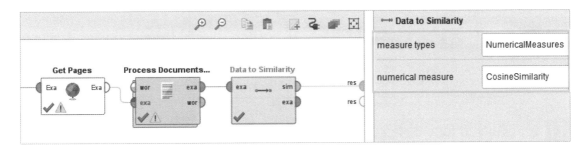

First	Second	Similarity
1.0	2.0	0.377
1.0	3.0	0.106
2.0	3.0	0.147

13 停用 **Data to Similarity**，加入 **WordList to Data** 與 **Filter Examples**，連線後在 filters 分別輸入「word、contains 與 _ (底線)」，檢視排序後 3 個網頁連續字出現的次數。

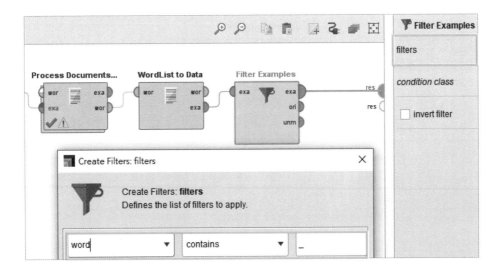

---

[33] 有關 Cosine Similarity 及在自然語言處理上衡量距離的優點參考 https://ithelp.ithome.com.tw/articles/10268777。

Row No.	word	in documents	total ↓
877	移遠_通信	1	15
23	5G_模組	1	7
14	5G_市場	1	6

ExampleSet (Filter Examples) ✕

Open in [Turbo Prep] [Auto Model] Filter (1,286 / 1,286 examples): all

14 加入 **Sort** 對 total 由多至少排序，加入 **Filter Example Range**，選擇「第 2 至 20 個」樣本，檢視網頁有關 5G 主要連續字之文字雲。[34]

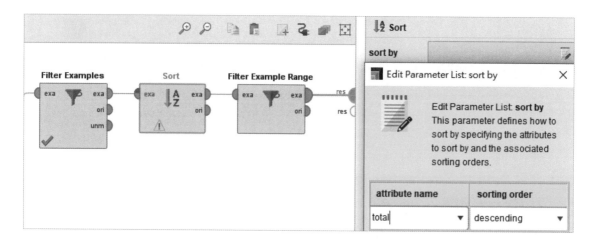

Sort — sort by

Edit Parameter List: sort by ✕
This parameter defines how to sort by specifying the attributes to sort by and the associated sorting orders.

attribute name	sorting order
total	descending

Filter Example Range

first example	2
last example	20

☐ invert filter

---

34 排序第一的「移遠_通訊」為 5G 供應商名稱，不列入文字雲中。

練習 6-7-1

對單一網址,標題:「數據是什麼?從零開始,認識大數據定義、分析與工具」,進行文字探勘。

解答

1. 停用 **Process Document from Data**,刪除其餘運算式,加入 **Get Page**,自 Excel 檔「大數據 URL」內,複製網址 https://www.largitdata.com/blog_detail/ 20190725 貼於 url,檢視該網頁內容。

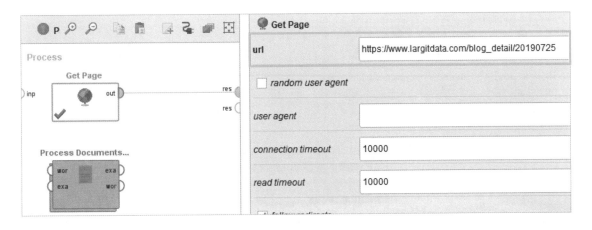

2 加入 **Process Documents**，選擇 Term Occurrences，取消勾選「add meta information」。

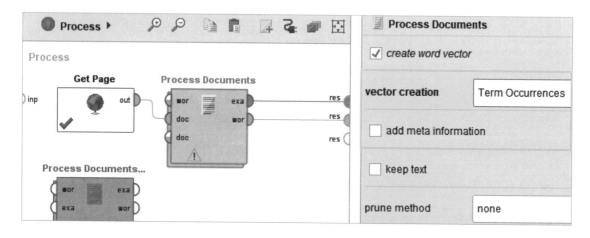

3 將先前 **Process Documents from Data** 內所有運算式複製貼入次流程，刪除 **Replace Tokens**，在 **Keep Document Parts** 的 extraction regex 輸入「.* 大數據 .*」(只保留包含「大數據」之文件)，於 **Remove Document Parts** 之 deletion regex 輸入「\w」，刪除所有英文、數值與底線。

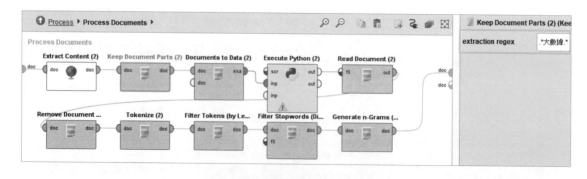

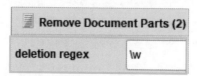

4 回主流程，加入 **WordList to Data** 與 **Filter Examples**，於 filters 分別輸入「word、contains 與 _ 以及 total >= 3」。檢視該篇文章出現 3 次以上連續詞彙的文字雲，其中「資料 _ 探勘」出現的頻率最高。

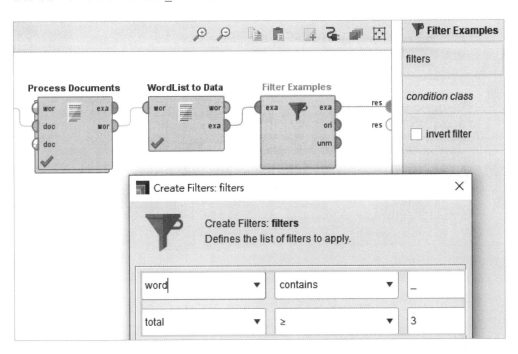

1. 依據 6-1 節，如以 Performance (Classification) 取代 Performance，此時 weighted mean recall 為多少？　65.69%　如以 **Deep Learning** 取代 **Naive Bayes (Kernel)**，此時預測準確率 accuracy 為多少？　66.59%

2. 依據 6-2 節，此例如將 Process Document from Data 之 vector creation 由 Term Frequency 改為 TF-IDF 或 Term Occurrences 時，顯示之重要文字是否有改變？　沒有改變　網頁 web 出現在幾個徵才廣告中 (in documents)？　4

3. 依據 6-3 節，如將 **SVM** 改為 **Deep Learning** 此時 accuracy 為多少？　86.91%　將召回率提升到 70% 以上，此時 accuracy 為多少？　85.68%

4. 依據 6-5 節，找出蔡英文 2016 年就職演講文字檔，比較蔡總統先後兩次就職演講主要用詞的差異。

5. 依據 6-5 節，增加詞彙「澤倫斯基」於 my dictionary.txt，檢視一篇有關俄烏戰爭的文章中，出現多少次該人名。

6. 依據 6-7 節，找出 3 個與 6G 相關的新聞網址，檢視所有網頁內，主要連續字之文字雲。

大數據分析實務 - RapidMiner 之應用

作　　者：邢厂民
企劃編輯：石辰蓁
文字編輯：詹祐甯
設計裝幀：張寶莉
發 行 人：廖文良

發 行 所：碁峰資訊股份有限公司
地　　址：台北市南港區三重路 66 號 7 樓之 6
電　　話：(02)2788-2408
傳　　真：(02)8192-4433
網　　站：www.gotop.com.tw
書　　號：AED004900
版　　次：2023 年 09 月初版
建議售價：NT$500

國家圖書館出版品預行編目資料

大數據分析實務：RapidMiner 之應用 / 邢厂民著. -- 初版. -- 臺
　北市：碁峰資訊, 2023.09
　　面；　公分
　　ISBN 978-626-324-592-1(平裝)
　　1.CST：大數據　2.CST：資料探勘　3.CST：電腦軟體
312.74　　　　　　　　　　　　　　　　　　　　112012390